ものと人間の文化史
180

醤油

吉田　元

法政大学出版局

1　歌川広重画「浄る理町繁花の図」（嘉永5年）。中ほど左にうなぎの蒲焼の屋台がみえる。醤油が普及して，庶民の味も大きく変化した（東京都江戸東京博物館所蔵，Image：東京都歴史文化財団イメージアーカイブ提供）

2　蒸した大豆を小児の頭大に丸めて筵の上に並べ，麹菌を繁殖させる工程を「花とり」という（キッコーナ株式会社所蔵「醸造絵巻」より）。本文189頁参照

ものと人間の文化史　醬油◎目次

第一章　調味料の誕生

東アジア型食生活と調味料

日本料理の味付けに欠くことのできない醬油は、古くから日本人に愛されてきた発酵調味料である。江戸時代末期の狂歌師蜀山人（大田南畝、一七四九―一八二三）が、

世をすてて山にいるとも味噌醬油さけの通ひぢなくてかなはじ

『蜀山百首』

と詠んだように、日本人にとって味噌、醬油、酒は日常生活ではまことに大事な調味料、飲み物であった。

日本庶民の食生活は、主食といわれてきた米すら満足には食べられない貧しい状況が長い間続いた。また東アジア諸国の大部分について言えることだが、家畜を飼って肉や乳を利用する牧畜も、生業としてはほとんど行なわれてこなかった。これには気候風土が温暖、湿潤であることも大いに影響している。したがって東アジアの稲作地帯では、食事はどうしても穀物中心になり、タンパク質、特に肉や魚などの動物性タンパク質が不足する。植物性タンパク質しか摂取できない食生活では、多量の穀類を摂取して穴埋めするために、味付けは塩その他の調味料に頼らざるをえなかった。

四方を海に囲まれ、人体に必須である塩には不自由しなかったと思われがちな日本だが、交通不便な内陸部において塩はきわめて貴重品で、入手がむずかしかった。塩には空気中の水分を吸って湿気てしまう「潮解性《ちょうかいせい》」という欠点がある。安定して塩を保存するためには、塩を焼くか、濃厚な塩水にするのがいちばんである。高濃度の塩が存在すると、多くの微生物は増殖しにくい。したがって食品の腐敗を防ぐことができる利点がある。

今でこそ和食は健康によい理想的な食事であると盛んに宣伝されているが、かつての栄養教育では日本型食生活の欠陥は動物性タンパク質の摂取不足と食塩の過剰摂取にあり、もっと動物性タンパク質を摂取しなければならないと、つねに指摘されていたのである。

動物性タンパク質の不足を補う食品として、大豆はきわめて重要である。大豆（学名 *Glycine max*）の原産地は中国北部とされているが、栽培が容易であることから東アジアの全域に広がった。俗に「畑の肉」と称されるように、脂質とならんで二五％近くもタンパク質をふくんでおり、貴重な作物である。

未熟な大豆はやわらかく、これを煮た枝豆は食べやすくておいしい。しかし完熟すると固くなり、よく指摘されるように「豆は煮えにくい」ため調理がむずかしい。煮えにくい大豆の調理法としては、長時間かけて煮続けるか、あるいは乾燥大豆を吸水させ、一度石臼などで挽きつぶしてから、タンパク質を抽出するしかない。豆の調理にはより高度な技術が要求されるのである。古くからある煮豆や豆腐などの加工食品は、こうして誕生したと考えられる。特に大豆タンパク質を抽出し、苦汁《にがり》で凝固させた豆腐は、東アジア地域においてチーズの代用品ともみなされている。

調理に手間がかかる大豆であるが、タンパク質を構成するアミノ酸にまで分解するにはさらに時間がかかる。そのためには煮た大豆を冷ましてから、表面にコウジカビ（学名 *Aspergillus oryzae*）を増殖させて「麴《こうじ》」とし、カビに備わったタンパク質分解酵素の働きによって分解させていく。こうすれば時間はかかるが、最終的にアミノ酸になる。

稲作型食生活の欠点であるタンパク質不足も、大豆によって補うことが可能になる。東アジアには現在でもさまざまな大豆発酵食品が存在するが、日本の「納豆」、インドネシアの発酵食品「テンペ」などを除けば、ほとんどはコウジカビの働きによってタンパク質分解を行なうものである。

大豆発酵食品が発展した経過をたどると、おそらく最初に登場したのは、煮た大豆にコウジカビを増殖させた「淡鼓《たんし》」であろう。次に塩を加えた「鹹鼓《かんし》」が誕生した。これは大豆の腐敗を防止するとともに、味をよくするためである。また動物性食品の摂取を禁じられている禅寺においては、大豆、塩、麴でつくる「寺納豆」など塩辛い発酵食品が生まれた。

もう一つ醬油に使われる原料は小麦である。小麦種子の構造はよくカニにたとえられる。外側の殻皮が堅く、内部がやわらかいからだが、米のように脱穀、精白して煮れば、すぐご飯として食べられるというわけにはいかない。そこで石臼などの道具を使用し、堅い殻を砕く必要がある。取り出された小麦タンパク質「グルテン」は麩《ふ》の原料となるが、アミノ酸組成が栄養的にすぐれているため、大豆とならんで醬油の原料に広く使用されている。

このように人間は長い歴史の中で、原料となる植物タンパク質をいかに効率よく取り出し、おいしく食べるかに知恵を働かせ、工夫を重ねてきた。現在われわれが口にする食品、中でも微生物の力を最大限利用した発酵食品は、その究極の姿ともいえよう。

旨味の発見

以前なら、講義で食品の「旨味」という言葉を使用すると、おかしい響きなのか教室に学生の小さな笑い声がおきたこともあったが、この旨味という日本語も徐々に定着してきており、最近ではUMAMIで外国人にも通用するようになってきた。

日本料理の「出し」として古くから用いられてきたのは、昆布、かつお節、シイタケである。東京帝国大学理学部化学科教授の池田菊苗（一八六四—一九三六）が昆布出し汁の旨味の正体がグルタミン酸ナトリウムであることを発見したのは、明治四〇年（一九〇七）のことであった。池田は明治の化学者桜井錠二の義弟に当たり、英国留学中は夏目漱石と同じ下宿に住んでいた。京都に生まれ育ったこともあって、早くから湯豆腐昆布出し汁の旨味に関心をもっていたようである。明治四〇年の内国勧業博覧会に出品された昆布から研究のヒントを得たといわれている。三八キロもの乾燥昆布を煮て汁を取り、旨味成分のグルタミン酸ナトリウム三〇グラムを分離することに成功し、翌年特許を申請している。今とちがって化学分析の手段が限られ、アミノ酸自動分析機もない時代、これだけのグルタミン酸を分離するには大変な労力を要したことだろう。

旨味を発見した池田菊苗

池田による旨味の発見は、いかにも日本的な小さな話題として、科学史家の間ではあまり高く評価されてこなかったが、その後これを工業化した調味料「味の素」は、日本における産学共同の最初の成果である。日本人の食生活に及ぼした影響の大きさを考えれば、特筆されるべき発見である。

神奈川県葉山町において海草からヨードを抽出、販売していた鈴木商店の鈴木三郎助と池田の共同作業により、グルタミン酸ナトリウムの工業的規模での製造法が開発された。「味の素」という命名も成功の一因である。しかし高価な商品である昆布から抽出していては、製品の価格ははね上がってしまう。グルタミン酸は小麦タンパク質のグルテンにふくまれているから、小麦粉からグルテンを抽出し、塩酸加水分解した後、アルカリで中和すれば、グルタミン酸ナトリウムを得ることができる。「味の素」の製造は長い間塩酸加水分解法によっていたが、大量に出る廃液処理の問題もあって、一九六〇年代に入ってグルタミン酸を発酵生産する微生物が発見されると、発酵法へと転換した。現在では発酵法によって製造されている。

昆布の旨味に続き、一九一三年に池田の弟子である小玉新太郎は、かつお節の旨味の正体が5′—イノシン酸であることを突き止めた。また、シイタケの旨味は5′—グアニル酸であることが、一九五七年にヤマサの国中明によって解明された。こうして日本料理の出しの旨味成分のすべてが単離、同定され、工業的に生産されるようになったが、三種の化合物を混ぜ合わせると「相乗効果」によって旨味が飛躍的に高まることがわかり、やがて複合旨味調味料の誕生へとつながった。

現在では三種の化学調味料すべてが微生物を用いる発酵法で製造されている。化学調味料工業は大工業とはいえないが、細かい作業を得意とする日本人のお家芸となっている。

一九一六年、ドイツの心理学者ハンス・ヘニングが提唱した味覚に関する有名な学説がある。それによると人間が舌で感じる味覚は、甘い（甘）、からい（鹹、塩辛い）、酸っぱい（酸）、苦い（苦）の四原味が基本になっており、すべての食物の味はこの四つの味を組み合わせることで説明できるという。ヘニングのいわゆる「味の四面体説」であるが、旨味に関してはこの説ですべてを説明し再現することはできない[1]。旨味は、別の味覚受容メカニズムが存在することが、その後の研究で明らかにされている。

醤油とは

さて醤油とはいかなる食品だろうか。現在の日本農林規格（ＪＡＳ）によれば、醤油とは大豆、小麦、食塩を主な原材料とし、こうじ菌を培養したものに食塩水を加えたものを発酵させ、熟成させて得られた清澄な液体調味料である。

しかしさらに広義の「醤油様調味料」という区分もある。これは、「醤油」と「魚《うお》醤油」を合わせたものをいい、今も一部の地方でつくられている魚醤油も、広く見れば醤油にふくまれると考えることもできよう。そこで本書では魚醤油も取り上げることにしたい。

醤油はつくり方によって「醸造醤油」、「半化学醤油」、「化学醤油」に分類される。

現在、日本で生産される醤油は、ほとんどが伝統的な醸造醤油である。漢字は同じでも、中国でつくられている醸造醤油はこれとは少し製法がことなっている。また「化学醤油」とは、脱脂大豆など植物性の原料を塩酸で化学分解するもので、米国やヨーロッパの一部でつくられている。「半化学醤油」とは、現在でも日本、韓国、台湾で製造されており、一部の国では塩酸加水分解した分解液を用いた醸造法を採用している。

醤油の「醤」という字の訓読みは「ひしお」であるが、醤とはどういう食品だろうか。かつてはさまざまな原料を使用した「醤類《ひしおるい》」がつくられていて、大別すると以下のようになる。
・魚介類を原料とした「魚醤《ぎょしょう》（うおびしお）」
・野菜・山菜類を原料とした「草醤《そうしょう》（くさびしお）」
・陸上動物の肉に塩を加えて発酵させた「肉醤《にくしょう》（ししびしお）」
・穀物を原料とした「穀醤《こくしょう》」

このうち「草醤」は現在の漬物の原型ともいうべきものであり、タンパク質をふくまない山菜・野菜類を、食塩の存在下で乳酸発酵させることによって、やわらかく食べやすくした。「肉醤」は現在の塩辛に近い食品だったと考えられる。古代の中国には陸上動物の生肉を原料にする肉醤があったが、衛生上の理由からその後廃れてしまい、現在では生肉を食べる習慣はほとんどないようである。そこで本書においては、残りの魚醤と穀醤を中心に取り上げることにしたい。

石毛直道がかつて提唱した「うま味文化圏」説によれば、日本から朝鮮半島、中国大陸南部にかけての北東アジアは、醤油、味噌などの穀物を原料にした穀醤が優位をしめる「穀醤卓越地帯」であり、一方インドシナ半島、フィリピン、インドネシアなど東南アジアの国々は、魚を原料とした魚醤が優勢な「魚醤卓越地帯」であるという。このような分布になった理由として、東南アジアの熱帯地方では魚と塩は入手しやすいが、穀醤の原料である小麦と大豆は栽培しにくいことが挙げられる。醤油も、中国を起源とする穀醤から発展してきたと考えられる。

さらに醤類は、麺類を食べることが多い、インド以東のアジア諸国のいわゆる「スープ文化圏」において、きわめて重要な調味料である。

これから醬油とは何か、つくり方を見ていくが、同じ「醬油」といえども、今では味はずいぶんちがったものになってきている。また、寺納豆や金山寺味噌といったかつて禅寺でつくられた穀醬は、その後の大豆発酵食品の進化から取り残された。魚醬は日本でも東北、北陸地方の一部では現在もつくられている。

醬油の範ちゅうに含まれない調味料についても、ここで述べておくことにしよう。

東アジア，東南アジアの調味料文化圏

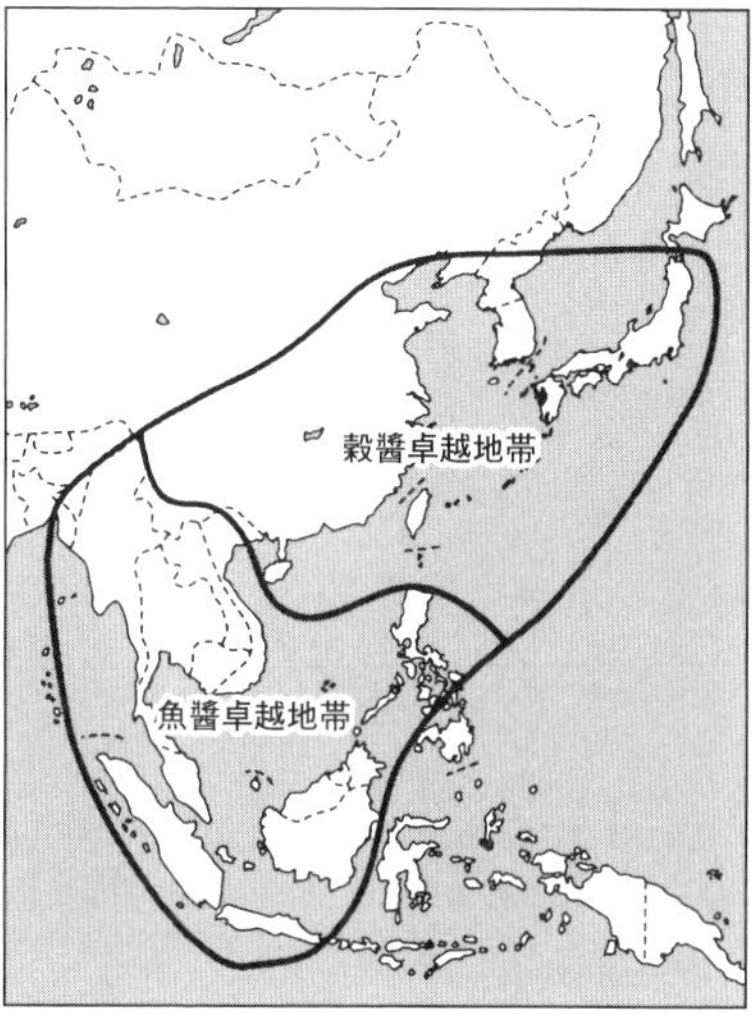

出典：石毛直道『食の文化地理』朝日新聞社，1995年，50頁

魚醬油（魚醬）

魚介類の内臓はきわめていたみやすく、常温で生のまま放置すれば、急速に腐敗が進行する。原因は魚介類の内臓にふくまれるさまざまな酵素類による分解反応が進むからであり、この反応を「自己消化」という。その後は微生物が増殖し、腐りやすくなる。しかし高濃度の食塩が存在すれば微生物の増殖は抑制される。そこで大量の食塩を加えて腐敗をおさえつつ、魚介類のも

つタンパク質分解酵素を常温で働かせて分解させれば、旨味を有するアミノ酸、とくに人間が旨味を感じるグルタミン酸ナトリウムを多くふくむ液体に変化させることができる。魚醬油とはそのようにしてつくられる。まだ冷蔵庫が普及していなかった時代に、こうしてつくられる魚醬は、魚の内臓を長期間保存する方法としてすぐれていた。

古代ローマの魚醬油

世界最古の魚醬油は古代ローマ時代のものだったといわれる。魚醬油はアジア特有の発酵調味料というわけではなく、ヨーロッパにはガルム（garum）とよばれる魚醬油があった。ガルムの前身はさらに時代をさかのぼって古代ギリシャといわれるが、サバ、アンチョビ、マグロ、カツオなど、脂がのった魚の内臓を細切りにして塩水に漬け、天日に二、三か月当てて発酵させてつくった。タンパク質とアミノ酸に富むが、大変臭く、これをつくる場所は人里離れた郊外でなければならなかったという。ローマの博物学者大プリニウスの『博物誌』にもガルムに関する記述があり、ガルムは「腐敗した魚の液」だと述べている。

プリニウス以外にもガルムの製法について述べた人はいる。二世紀のガルギリス・マルティアリスによれば、サケ、ウナギ、ニシン、イワシなど脂身の魚を原料として購入する。その他各種ハーブと塩を用意して準備する。容量二六―三五リットルのしっかりした防水性の壺を選ぶ。まず壺の底にハーブを、次に魚を、さらに塩を層になるように敷く。ハーブ、魚、塩を交互に積み重ねて壺の口まで満たし、蓋をする。そのままの状態で七日間置く。さらに二〇日間壺の中身を底までよくかきまぜる。二〇日たったら漉し、したたり落ちる液を集めるという。

液体のガルムを漉した後に残った滓のことを「アレック」といい、古代ローマ人はこれも調理に使用したという。このほかに「リクァーメン」とよばれる液体、または半液体状で料理に辛味をつける調味料が存在していたことが知られているが、ガルムとの関係はよくわかっていない。一三世紀頃南イタリアのアマルフィでリクァーメンに似た「コラトゥラ・ディ・アリーチェ」(Colatura di Alice. アンチョビの抽出液)という魚醤がつくられた。

ガルムのつくり方は、滋賀県の名産フナずしによく似ている。食塩を加えると、水分含量の多い魚体から多量の水が出るので、フナずしの場合は途中で一度水切りするが、ガルムでは行なわないよう

ポンペイ遺跡で見つかったガルムの瓶のモザイク画

だ。また、各種のハーブを添加するのは、強烈な臭い対策だろう。

しかし古代ローマの滅亡とともにこうした魚醬油を用いる習慣は廃れてしまい、現在ヨーロッパには魚の発酵食品はほとんどみられない。最近古代ローマの料理書のレシピにならって、料理の復元が流行しているが、ガルムやリクァーメンを使うレシピでは、東南アジア産の魚醬「ニョクマム」をかわりに使うことをすすめている(2)。

現在はガルムを再現した魚醬油がイタリアでつくられており、日本にも輸入されているが、少量でもきわめて高価である。

日本の魚醬油

魚醬油と塩辛の関係は、醬油と味噌の関係に似ているところがある。液体調味料である魚醬油は、秋田県の「しょっつる」、石川県の「いしり」、また一時廃れていたがその後復活した香川県の「いかなご醬油」などがある。

日本で魚醬油が発達したのは、比較的雨が多く、魚を乾燥干物にするのには向かない地域で、主に日本海沿岸の漁村である。漁村というのは概して密集集落が多い。大豆や小麦を栽培するほど広い耕地は農村ほどはないから、穀物原料の醬油を醸造するには向いていない。醬油の代替品として魚醬油は比較的つくるのが容易であり、また豊富に得られる魚の内臓などの水産廃棄物を有効利用することもできる。それだけに地域による品質差はあまりなく、産業化することもなかったと考えられる。かって広くつくられていた魚醤油も、現在では家庭で手づくりされることはほとんどなくなってしまった。

日本における魚醤油の製造規模は、東南アジアの魚醤油が年間一〇万トンもあるのに比べれば、数百トン規模ときわめて小さいが、現在ではやや増加している。

現在つくられているのは「しょっつる」(秋田県)、「いしり」(石川県)、「いかなご醤油」(香川県)の三種類しかない。

①しょっつる 「きりたんぽ」や「稲庭うどん」など独自の伝統食がある秋田県は、また「発酵王国」ともいわれており、漬物などさまざまな発酵食品がつくられている。

しょっつるは古く明治二八年(一八九五)頃には商業的生産が行なわれ、昭和に入ると数十社が製造していたといわれるが、現在ではいずれも小規模な会社が一〇社程度しかなく、年間製造量も五〇トン未満、製品もほとんどが秋田県内で消費されていると考えられる。石川県のいしりほど普及していないようである。

しょっつるの原料は、かつてはイワシなどの小型魚が中心で、ハタハタが多く使われた時期もあった。乱獲により一時激減してしまったハタハタは、その後自主的な全面禁漁が行なわれ、近年ようやく回復してきた。ハタハタを原料にしたしょっつるも再び店頭に並ぶようになった。

製造法は、原料になる魚介類重量の約三〇%程度の食塩を添加し、直接まぶしながら均一に混ぜて密封する。食塩濃度が低い部分があると腐敗が発生することがあるので、定期的に攪拌して塩分が均一になるようにし、常温で約二年間かけて分解、熟成させる。

魚肉の自己消化はタンパク質分解酵素（プロテアーゼ）の働きによるもので、タンパク質はペプチドを経てアミノ酸にまで分解される。熟成が終わったら一度加熱して一〇分程度沸騰させる。その後粗ろ過して骨などを除去し、冷却して脂質、未分解物などを除き、さらにろ過器、ろ過助剤などを使用してろ過をくり返し、清澄なしょっつるを得る。

加熱（火入れ）は、自己消化酵素の活性を失わせ（失活）、また殺菌効果もある。[3] 魚醬油は魚が原料だから、どうしても魚に由来する臭いがあり、生臭いと嫌う人も多い。この臭いは「火入れ」とよばれる加熱処理を行なうことによって、かなり薄まる。醬油に近い色がつき、味もきわめて似たものとなる。しかし、魚醬油の塩分濃度は二五―三〇％程度と、穀物醬油の一六―一八％程度に比べ相当高い。常温で魚の腐敗を防ぐには高い塩濃度が要求されるためだが、現代人には塩辛いと感じられ、食塩の取りすぎは健康に良くないと懸念する人もいる。ここらあたりに魚醬油の課題がありそうである。

さらに生産技術の問題として、熟成に二年以上を要するが、冬の気温が低い秋田県では、タンパク質の分解がなかなか進まないことが挙げられる。そこで、市販のタンパク質分解酵素を添加して、分解、熟成期間の短縮がはかられた。各種市販の酵素を添加して分解、熟成を行ない、従来の製法と比較した結果、グルタミン酸、アスパラギン酸など旨味のもとになるアミノ酸の総量は一年間で三倍に達し、きわめて効率的な生産が可能であることが明らかになった。

また従来の製法によって一年間分解、熟成させたしょっつるの旨味アミノ酸総量を魚の種類別に比較したところ、魚種によって数値は大きくちがい、アジ、コアミ、イワシ、コウナゴ、ハタハタの順で多かった。つまり、旨味はかならずしもハタハタにだけ多いわけではなく、それ以外の魚にも大きな可能性がある。原料の魚の特徴を生かした製品開発も望めるだろう。

従来は鍋料理の下味に利用されてきたしょっつるだが、食塩濃度が約二五%と高いため、消費量の拡大には壁があるように感じられていた。現在はさまざまな新用途、メニューが検討されており、しょっつるを調味液としてホッケなどの魚を漬け込む「しょっつる干し」「しょっつる焼きそば」なども開発され、今後は一層の発展が期待できそうである。

②いしる

「いしる」または「いしり」とよばれる調味料は、石川県能登半島西岸の輪島、羽咋《はくい》などの漁港で主にイワシを原料に、東海岸富山湾の珠洲、七尾などの漁港ではイカの肝臓を原料につくられている。能登地方ではすでに大正時代初期から生産がさかんで、昭和二〇年代までは奥能登の漁村では自家製造も行なわれていた。

いしるは、漁港で水揚げされるイワシなどの小魚やスルメイカを加工する際に廃棄される内臓の有効利用という面がある。二〇一〇年の聞き取り調査によれば、生産量は年間二五〇トン程度、しょっつるとちがって二五%が県内消費、七五%が県外の業務用とのことである。(4)

製法はしょっつるとほぼ同じだが、食塩濃度は二〇—二二%とやや低い。食塩濃度二〇%というのは、常温で魚介類の腐敗を防げる下限であると思われる。漬け込みには大型ポリタンクを用いるが、漬け込んだ直後は食塩濃度が均一化しにくく、腐敗細菌が増殖しやすい時期であるから、一週間後まではたびたび攪拌する。四季の温度変化が大きい日本では、食塩があまりなじんでいない段階の仕込みは、気温の低い季節に行なう必要があるが、一方で自己消化を早く進行させるには高温の夏の方が望ましいとされる。

大型の仕込みタンクは屋外に静置されて温度制御もできないため、塩分濃度が重要になってくる。食塩濃度を〇、三、五、一〇、一五、二〇、三〇％としてpH（水素イオン濃度）の時間経過を追跡した実験では、食塩濃度が低いほど初期のpHは高くなり、以後徐々に低下するが、食塩濃度が高いほど安定的であり、一二〇日後には四・五―五・〇程度になった。また濃度別の生菌数の経時的変化を追跡した実験では、一五％では一グラム当り一〇万個を下回ることはなく、二〇％以上になってようやく〇となった。

この実験結果から、いしるを安定的につくるために昔から行なわれてきた二〇％以上の食塩濃度には意味があり、これ以下では食塩の防腐効果はなく、さまざまな雑菌が多数繁殖して、腐敗しやすくなるということがわかる。

東南アジアに比べて高緯度地方でつくられる日本の魚醤油の場合、季節の変化による温度の変動幅は大きく、生菌数にも影響を与える。秋に仕込んだいしるでは、当初生菌数は一グラム当り一〇〇万個程度まで増加するが、その後冬は気温五度以下となるので生菌数もなかなかふえない。業界関係者はこれを「魚醬油の冬」とよんでいるが、微生物にとってはまさに「冬」である。しかし初夏の六月頃になると気温も上がり、自己消化によって生じる全窒素量はふたたび増加し、それとともに生菌、中でも好塩性乳酸菌と好塩性酵母が増殖してくる。それが風味を増強する効果をもたらすと思われる。秋に仕込み、一年以上を要する魚醬油づくりにおいて、夏を越すことは重要なのである。

いしるの一般成分、遊離アミノ酸、有機酸などの分析を行なった道畠俊英によると、全窒素量は濃口醬油と同等ないしそれ以上あり、食塩濃度は二〇％以上であった。アミノ酸は旨味のもとであるグルタミン酸の他、アラニン、バリン、リジンなどに富み、その他イカ原料のものからはタウリン、プロリンが、イワシ原料のものからはヒスチジンが多く検出された。(5) また乳酸は好塩性乳酸菌が増殖した結果生成したものと考えられる。

いしるは伝統的な「貝焼き料理」に使用されることが多いが、イタリア料理のパスタのほか、エスニック料理の隠し味としても今後は検討されるべきだろう。

③いかなご醬油

イカナゴ（玉筋魚）とは関西における名称で、関東では「コウナゴ」とよばれている。イカナゴは瀬戸内海に多く棲息する小型魚であり、タイは春先にイカナゴを求めて外洋から集まってくるという。いたみが早いことから、さっと釜揚げにしたり、つくだ煮にして食べる。

しょっつる、いしるとならぶ魚醬油、香川県の「いかなご醬油」は、明治二〇年代には水産共進会に出品される名産品だった。香川県坂出市あたりでは昭和三〇年頃（一九五五）まではつくられていたが、その後なくなった。香川県小豆島の丸金醬油でも一時試作されたことがある。

地理的条件を考えると、これまで見てきたような寒冷な日本海沿岸ではなく、すぐ近くに有名な醬油産地の小豆島がある香川県沿岸部で魚醬油がつくられていたことは不思議である。イカナゴが大量

にとれた年につくられはじめ、一時途絶えたが、最近の魚醤ブームでこれを望む人がふえて復活したのだという。(6)

魚醤油の原料になる水産廃棄物がいちばん多いのは北海道であり、同地では最近さまざまな魚を原料にした魚醤油が試作されている。

東南アジアの魚醤油

魚醤油の本場は何といっても東南アジアである。最大の生産国はタイであり、「ナムプラー」とよばれるが、ベトナムやカンボジアでも「ニョクマム」とよばれる魚醤油が現在も大量に生産されている。

野田文雄は東南アジアにおける魚醤油を、その製造法によって以下のように分類している。(7)

・自己消化のみによって製造するもの(a)
・酵素剤、微生物を添加して製造するもの(b)
・酸分解によって製造するもの(c)

またその形状から、

・魚体が残存したままになっているもの
・魚体が崩壊し、ペースト状(泥状)になっているもの
・魚体が崩壊または除去され、液体状になっているもの

に分けている。

「自己消化」とは、動物が持つさまざまな消化酵素、とくにタンパク質分解酵素の働きによって、死後も自分自身を消化していく反応のことであり、魚介類ではきわめて早く進行する。この後微生物が増殖し、人間にとって有益なさまざまな物質がつくられ、はじめて本来の「発酵食品」となるのである。

さて生産量がもっとも多いのは、自己消化だけによる完全な液体状魚醬油であり、タイの「ナムプラー」、ベトナムの「ニョクマム」などがこれに該当する。この分類にしたがえば、日本でつくられている魚醬油はほとんどが自己消化のみにより製造される液体状調味料であり、その他はむしろ塩辛に属するというべきだろう。

原料としてもっともよく使われる魚は、アンチョビーだが、固形物が多い泥状の魚醬油には、魚の他に小エビも使用されている。

ベトナムのニョクマムの伝統的な製法では、天日塩を使用し、魚の二分の一から三分の一量を加えて混合し、仕込む。容器は底部ちかくに呑口《のみくち》のある甕を使用する。原料魚を食塩と共に堆積して、上部を食塩で覆う。竹製の蓋をし、さらに重石をのせる。数か月から一年半熟成させてから、下の呑口から液汁を出してろ過する。

残った滓を煮沸した海水で抽出し、さらに液汁を取ってろ過すれば、より低級の製品となる。こうして繰り返し滓から抽出し、原料を徹底的に有効利用するところは、江戸時代に醬油の搾り粕に水な

ベトナムのニョクマム工場。大樽に入れて熟成させる

どを加えてつくった低級品の「番醤油《ばん》」と似ている。一九八〇年代後半の時点では、まだ伝統的製法による製造工場が多かった。

aでは、魚のもつ酵素による「自己消化」と自然に混入してくる乳酸菌の酵素によってタンパク質を分解する。魚の内臓はきわめて腐敗しやすいのであらかじめ除去し、また魚体に粉状の炒米を加えて水分を除去したりする。この工程には多種類の微生物が関与している。まず魚体が持つ酵素による自己消化の後、塩分濃度の高い環境中でも活動ができる耐塩性乳酸菌、好塩性乳酸菌によってさらに発酵が進む。しかしこれだけではタンパク質はゆっくりとしか分解しない。bでは自然に混入する乳酸菌が、加えられた米など炭水化物源を分解、発酵して熟成させる。あるいは発酵の際純粋培養物を添加する。自然混入した乳酸菌の酵素作用によって分解、発酵させた魚体と、別に酵母やカビで発酵させた米など炭水化物源とを混合する。これによって熟成までの時間を短縮できる。

長年東南アジア諸国の魚醬となれずしの調査研究を続けてきた石毛直道によると、液体調味料である魚醬油と醬油はきわめて類似した性格をもっている(8)。

魚醬油の食塩濃度は平均二六％もあり、穀物原料醬油の一七％よりもかなり高い。また全アミノ酸含量については、魚醬油の平均は五・三％、醬油五・五―七・八％とあまり差はない。調味料の旨味のもとになるアミノ酸、グルタミン酸は、魚醬油〇・八％、醬油〇・九―一・三％である。

醬油のpHは弱酸性で、四・七―四・九程度だが、魚醬油はやや高く六・〇程度である。その理由は、醬油諸味にはまず耐塩性乳酸菌が増殖して乳酸を生成し、その後酵母が増殖してアルコール発酵を行なうが、魚醬油ではこうした微生物の働きはないか、あっても働きが弱いから、糖分やアルコール分をほとんどふくまない。旨味調味料としての機能は醬油と同じといっても、酸味料や甘味料としての役割は弱い。

魚醬油の塩濃度が高いのは、生魚は腐敗しやすいからであるが、これだけ塩辛くなると、醬油ほどたくさん料理に加えることはむずかしい。実際魚醬油で下味を付けた料理、たとえば秋田の「しょっつる鍋」などは、きわめて塩辛く、後々まで塩味が舌に残る印象を受ける。生魚は穀物原料よりも腐敗しやすいので、どうしても食塩濃度は高くならざるをえない。

東南アジアも日本と同じで小麦と大豆の栽培には向かないが、魚と食塩が入手できる地域で魚醬油の生産が発達したと考えられる。

ミャンマーでは、魚醬油とならんで「小エビ醬油」という醬油も販売されているが、小エビ醬油は味が濃厚であるから上等品とみなされている。魚醬油の価格とそのグルタミン酸含量の関連を調査した結果、グルタミン酸含量は見事に価格に比例していることからも、これは裏付けられるだろう。

カンボジアの農村では、産卵するために雨期に大量に遡上してくる淡水魚をとらえて一年分の魚醬油と塩辛をつくるが、東南アジアにおいて魚醬油は動物性タンパク源となっているのだろうか。石毛によれば、カンボジア、東北タイ、ミャンマーの農村部では淡水魚の塩辛、塩辛ペーストの消費量は無視できないものであるが、それ以外の地域では主食の米から供給されるタンパク源に比べれば、無視できる程度にすぎないという。塩分濃度の高い魚醬と塩辛は、塩味をつける調味料として使用されており、タンパク源と見なすのは過大評価であるという。

日本では、かつては滋賀県の家庭において「フナずし」が広くつくられていた。内臓を取り除いたフナを桶の中に食塩と交互に積み重ねるようにして漬け込み、一年以上の時間をかけて熟成させてつくるなれずしの一種である。これは腐っているのではないかと思うほど臭いは強烈であり、どんなチーズでも平気な人でないとなかなか手を出しにくい。こちらは発酵調味料というより、タンパク源と見なしてよいだろう。

現在のような早ずしが登場する以前の古代ずしは、時間をかけて自己消化と乳酸発酵させてつくる保存食品の一種であり、さまざまな魚が用いられていた。ではなれずしはなぜ日本でも滋賀県にだけ残ったのだろうか。この素朴な疑問に明快な答を出すのはむずかしい。カンボジアの農村など東南アジアの内陸部では、雨期に産卵のため川を遡上してくる淡水魚を原料にする。たしかに滋賀県は中心にある琵琶湖に周辺から流れ込む川がたくさんあって環境は似ているが、そうした環境だけに起因するなら日本全国にもっとなれずしが残っていてもよさそうに思われる。

穀醤（醤油）

次は穀物を原料にした穀醤である。これはほとんどが大豆、小麦を原料とする、いわゆる醤油である。日本で醤油が誕生したのは、戦国時代の末頃といわれる。

現在、日本農林規格では「醤油」ではなく、ひらがなで「しょうゆ」と表記される。しょうゆにはこいくちしょうゆ、うすくちしょうゆ、たまりしょうゆ、さいしこみしょうゆ、しろしょうゆの五種類がある。

①こいくちしょうゆ（濃口醤油）　もっとも広く用いられている醤油である。原料は大豆と小麦で、ほぼ等量使用する。現在では大豆は脱脂した加工大豆を使用することが多い。大豆は洗浄し、水に浸漬してから加圧蒸気釜で長時間（四〇―六〇分）蒸す。これによって大豆タンパク質は熱変性をおこし、コウジカビのプロテアーゼ（タンパク質分解酵素）」の作用を受けやすくなる。

一方小麦は選別してから炒り、砕く（割砕）。小麦中の水分を減少させ、またでんぷんのα化度（糊化度ともいう。生でんぷんが加熱により性質が大きく変化する）を上げて、コウジカビα―アミラーゼの作用を受けやすくするためである。この小麦を大豆と混ぜる。これにコウジカビの胞子である種

濃口醤油の製法

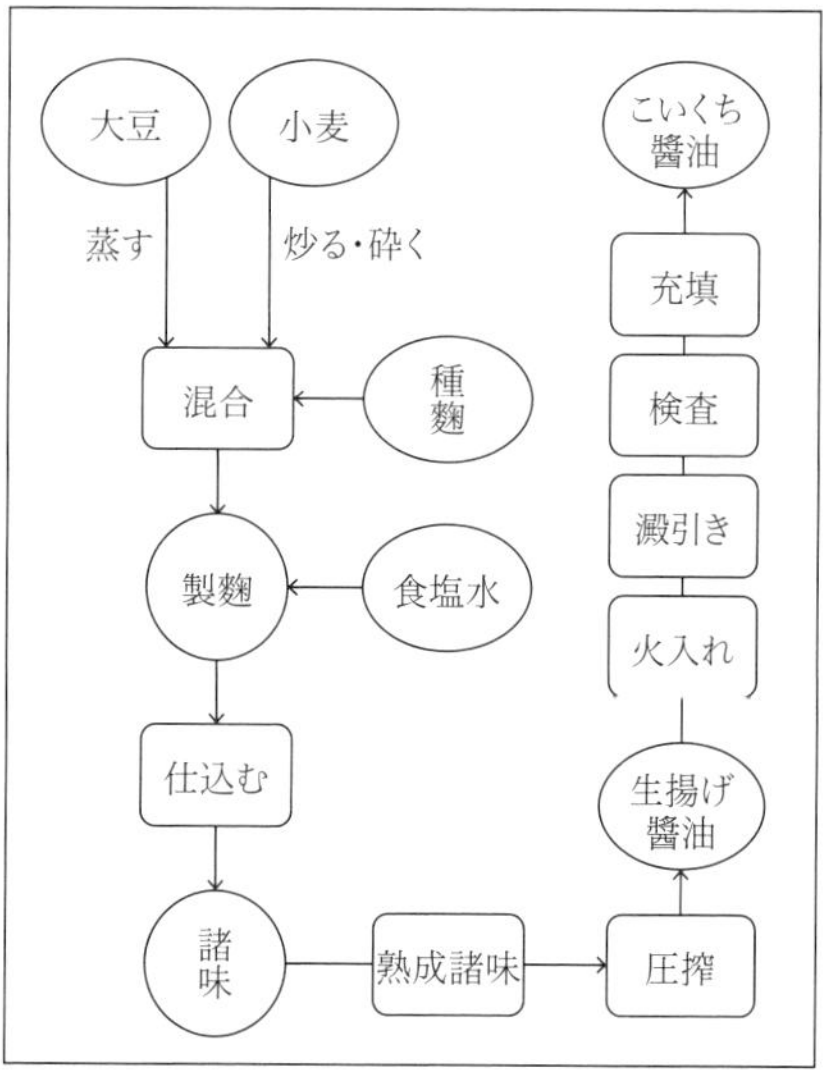

麹を加えて培養する。約四五時間程度でコウジカビが増殖し、麹ができ上がる。酒麹と異なるのは、醤油はすべてが麹の「全量麹」であるので、大豆と小麦にコウジカビを増殖させる。その理由は、アルコールの生成が目的の酒とちがって、大豆、小麦のタンパク質をアミノ酸にまで分解するのには多くの酵素と時間を必要とするからである。ならば、濃塩酸を使用しタンパク質を構成アミノ酸にまで完全に分解してしまえば、手間も時間もかからないではないか、という考えが出てくる。化学醤油はそうして生まれた促成醤油であるが、それについては第九章で詳しく述べたい。

次に食塩水を加え「仕込み」の開始となる。食塩濃度は約一六％である。醤油の場合、「もろみ」は「醪」ではなく、「諸味」の字が使われる。時々攪拌し、時間をかけて諸味を十分に発酵させる。それから布袋に入れて搾り、醤油と醤油滓に分ける。こうして得られた醤油を「生揚《きあ》げ醤油」とよぶが、ふつうこの後に「火入《ひい》れ」と称する加熱操作を行なう。火入れを行なうことで醤油には「火香《ひが》」とよばれる香りがつく。また発酵と酵素の働きを止め、醤油を殺菌して保存性をよくすることができる。

濃口醬油は全国各地で生産されており、今日では全生産量の八四％程度を占めている。あらゆる料理に適している。

②うすくちしょうゆ　兵庫県龍野など一部の産地でつくられている色の淡い醬油であるが、本場の関西でもかつてほどは使わなくなった。素材を薄味に仕上げる関西料理で古くから用いられてきた。色が淡いのは小麦を焦がす時間がこいくちしょうゆよりも短いためで、食塩濃度は逆に一八—一九％と高くなっている。一部の産地では最後に諸味に甘酒を加えることも行なわれている。

③たまりしょうゆ（溜り醬油）「溜り」とは、味噌をつくって放置しておくと上に浸みだしてくる液体をいうのでまぎらわしいが、こちらは「たまりしょうゆ」である。原料にほとんど小麦を用いず、大豆と食塩だけでつくるのが特徴である。濃厚でどろりとした醬油であり、すしのほか照りがよいため煎餅、つくだ煮加工などにも使用される。産地は八丁味噌同様、岐阜、愛知、三重の東海三県にほぼ限定されており、この地域の食文化と密接に結びついている。たまりしょうゆについては、第八章においてくわしく考察する。

④さいしこみしょうゆ（再仕込み醬油）　発祥は山口県柳井市といわれる。一度搾った生揚げ醬油に麴を再び仕込むことからこの名称がある。色、味、香りともにふつうの醬油よりも濃厚。焼肉などに向いている。

⑤しろしょうゆ（白醬油）　原料はほとんどが小麦。糖分が高く甘口で、色調は淡く白っぽいこと

からこの名称がある。愛知県でつくられているが生産量は少ない。茶碗蒸し、吸物、漬物などに使われる。

醤油のつくり方

醤油はつくり方によって、JAS法で本醸造方式、混合醸造方式、混合方式の三つに分類される。本醸造方式とは、発酵、つまり微生物の働きによってつくられる昔ながらの醤油製造法である。さきの「こいくちしょうゆ」の製造方法とほぼ同じである。

蒸した大豆（多くは脱脂加工大豆が使用される）と、炒ってから砕いた小麦を等量まぜ、種麹を加えて麹をつくる。

麹ができたら食塩水を加えて、「諸味《もろみ》」にする。時々櫂で攪拌し、約六か月間発酵させた後、布袋に入れ、圧力をかけて圧搾する。こうしてできた醤油が「生揚げ醤油」である。生揚げ醤油は火入れ殺菌され、醤油特有の味と香りがととのえられる。現在では市販醤油の約八五％がこの本醸造方式でつくられている。

混合醸造方式は、本醸造方式と混合方式の中間型といえる。本醸造方式の諸味に、アミノ酸液（大豆、小麦グルテンなどタンパク質原料を塩酸加水分解した後、炭酸ナトリウムなどのアルカリを加え、中和したもの）、酵素分解調味液（大豆などタンパク質原料をタンパク分解酵素により分解したもの）、発酵分解調味液（小麦タンパク質のグルテンを発酵させて分解したもの）などを加えて時々攪拌しつつ、約一か月以上発酵、熟成させる。その後圧搾、火入れ殺菌する。本醸造と化学法の両方の長所を取ったような醤油といえようか。第九章において解説する「新式二号醤油」はこれに属する。タンパク質原料の供給がひっ迫していた戦後の一時期は主流であったが、現在では全生産量のわずか〇・六％にまで減少している。

混合方式はさらに簡易的な製法であり、本格的な醸造工程はまったくない。あらかじめでき上がった本醸造の生揚げ醤油にアミノ酸液（または酵素分解調味液、発酵分解調味液）を混合、攪拌して調合する。後は加熱して火入れを行ない製品となる。全生産量の約一四％を占める。

発酵の仕組み

本醸造方式における醤油発酵の仕組みについて、微生物生態学の面から少し検討してみよう。(9) 乳酸菌、コウジカビ、清酒酵母が次々に登場してそれぞれの役割を果たす日本酒発酵に比べれば、かなり単純でわかりやすいといえるが、複数種の微生物が関与し、生態学的に見ても大変興味深い。醤油諸味を搾るまでに約六か月もの期間を要し、発酵はタンクの中でゆっくりと進む。

日本酒醪との一番大きなちがいは、醤油の諸味には一六％程度の食塩がふくまれていることで、そのため好塩性の微生物しか増殖できない。したがって防腐の点では、日本酒よりもずっと条件は有利といえる。

酒づくりは俗に「一麹、二酛、三造り」といい、発酵工程はこの順で大事であるという意味である。醤油にも「一麹、二櫂、三火入れ」という言葉がある。麹が重要であることは同じだが、それに次ぐのは櫂入れによる攪拌と火入れである。

関与する微生物

①コウジカビ　醤油の発酵に最初に関与するのは、コウジカビ（学名 *Aspergillus oryzae* あるいは *Aspergillus sojae*）である。両者は近縁種であるが、坂口謹一郎と山田正一は形態的、培養的分類研究の結果、醤油用コウジカビのうち分生胞子の表面に小突起ができるものを、新種アスペルギルス・ソーヤー

コウジカビ（麴菌）

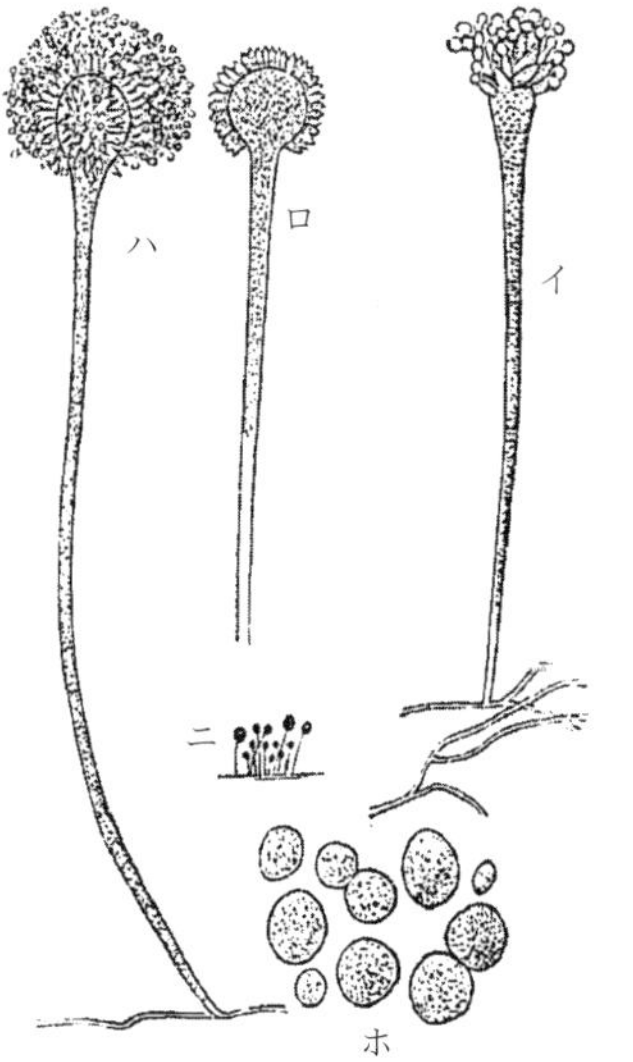

注：イロハは分生子柄および分生子の発生，ニは分生子叢，ホは分生子。
出典：江田鎌治郎『乳酸馴養最新清酒連醸法』1912年，29頁。

（学名 *Aspergillus sojae*）と命名した。どちらも醬油をつくることができるが、できた醬油の味、香りには微妙な差が生じる。現在では各メーカーそれぞれで培養したコウジカビを使用している。

よく「酵素の宝庫」といわれるコウジカビの役割は、原料の大豆、小麦をなるべく細かく分解することにある。でんぷんはコウジカビのα－アミラーゼによってデキストリン、オリゴ糖へ、さらにグルコアミラーゼによってグルコース（ブドウ糖）にまで分解される。タンパク質はプロテイナーゼ、ペプチダーゼによりペプチドからアミノ酸にまで分解される。また脂質はリパーゼによってグリセリンと脂肪酸にまで分解される。醬油では呈味成分であるグルタミン酸を生成するグルタミナーゼ活性の強力な菌株が優良とされている。

コウジカビが生育するのにふさわしいのは、温度、湿度の高い環境であり、多量の酸素を必要とする。そこで「麴室《こうじむろ》」とよばれる恒温、通風のよい小部屋中に棚を設け、「麴蓋《こうじぶた》」という浅い木製容器を何段も積み重ねて麹をつくった。麴が固まらないよう、時々手入れと称して上下を入れ替える必要があるが、この工程は酒づくりと同じである。

また「全量麴」といわれているが、日本酒とちがって醬油発酵では、原料大豆、小麦のすべてに麴菌を生育させる。

②乳酸菌　コウジカビによるでんぷん、大豆と小麦タンパク質の分解が進むと、一か月くらいして次の主役になるのは乳酸菌である。乳酸菌による発酵の結果生成されるのは主に乳酸で、醬油酵母の生育にふさわしい pH五・二程度の弱酸性の環境を整える。学名 *Tetragenococcus halophilus* など、やはり

塩分濃度の高い環境に耐える耐塩性乳酸菌である。

③醬油酵母　こうした環境がととのうと酵母が増殖する。醬油酵母には「主発酵酵母」と「熟成酵母」とがある。主発酵酵母は主にアルコール発酵を行なって、グルコース（ブドウ糖）からエチルアルコールを生成するところは、日本酒やパンの発酵と同じだが、これも耐塩性の *Zygosaccharomyces rouxii* である。また「熟成酵母」とよばれるのは、耐塩性の *Candida versatilis* である。熟成酵母は小麦の皮から「熟成香」とよばれるフラン化合物をつくり、これが醬油に重厚な香りをつける。

日本酒は関与する微生物の特性をきわめて巧みに利用することにより、醸造酒としてもっとも高いアルコール濃度を有する酒をつくり出すことができたわけだが、高塩濃度によって諸味に雑菌が侵入しにくい環境であるとはいえ、醬油もまた生態学的に見て微生物の能力をうまく引き出しているといえよう。

醬油には三〇〇種以上もの香り成分がふくまれ、それらは果実や花の香りの主成分であるエステル、カルボニル化合物などである。味噌溜りを原料にする、あるいは中国醬油のように小麦を使用しても生の小麦粉であると、でき上がった醬油の香りは日本醬油のそれとはずいぶんちがったものになってくる。

世界中で広く使用されている醬油のもつ効果は、

・高濃度の食塩、酸性のpH、アルコールなど、醬油に含まれる成分による有害微生物の殺菌効果。

・アミノ酸による調理効果

・消臭効果

などである。以前よりかなり減少したとはいえ、日本人の年間消費量は約一〇リットル程度ある。

圧搾と火入れ

諸味の発酵は長時間をかけて終了するが、固体（小麦、大豆）と液体（水）がまじっており、日本酒の醪と同様に粘度が高い。次にこれを圧搾して液体と滓に分離する。遠心分離法、ろ過法などもあるが、古くから行なわれてきたのは、木綿の袋に入れて搾るやり方である。袋に諸味を入れ、自然に垂れてくる液体を集める。その後は重石を載せて圧力をかけて搾る。こうして得られた醤油を「生揚《きあ》げ醤油」という。この圧搾のやり方は日本酒とほぼ同じである。

生揚げ醤油はまだ色がうすい状態であり、残存する微生物も生きているので、「火入れ」を行なう。火入れの温度は八〇—八五度、一〇—三〇分間と日本酒のそれよりも高温である。醤油酵母は熱に弱く、死滅する。

耐熱性胞子（あるいは芽胞《がほう》）を形成する *Bacillus subtilis*（枯草菌）は、ふつうの加熱法では完全に殺菌しにくいので、最近はより高温で加熱可能な高温瞬間殺菌法が用いられている。

火入れは、殺菌の他に醤油の旨味を保つためというのが目的である。酵素タンパク質の活性がなくなり（失活）、凝固物である「滓《おり》」を除去し、「火香《ひが》」とよばれる醤油の香ばしい香りがつく。色は赤味のある色調に変化する。

醤油の味と香り

調味料など食品のおいしさを評価する方法については、化学分析を行なって構成成分を特定するだけでは不十分であり、これに人間の五感による官能試験を加える必要があるだろう。最近では機器分析技術が発達し、特に微量の揮発性成分をとらえることが可能なガスクロマトグラフィーの導入以降、香りの特定もかなり進んだ。

そもそも、「おいしい」とはどういうことなのか、その定義はなかなかむずかしい課題だが、キッコーマン商品開発部による最近のレポートはきわめて興味深い(10)。ここでは「おいしい度合＝嗜好される度合い」と置き換えて、三〇種類におよぶ濃口醤油の味を官能評価している。

醤油の味の評価項目としては、「味の調和」「すっきりした」「甘味」「酸味」「旨味」「塩味」「コク」「後味の良さ」「異味」を選び、味の嗜好との相関関係を算出した。もっとも相関関係が高かった(数値が一に近い)のは「味の調和」、次いで「すっきりした」であり、逆に低かったのは、「甘味」「酸味」「塩味」などであった。結論として導かれたのは、醤油のおいしさとは「醸造によって作られる後味の良い複雑な味の調和」だということである。レポートを読んで、「発酵」という微生物の働きによって生まれる味と香りはきわめて複雑、微妙なもので、これを人工的に再現することはまだむずかしいようだと感じた。

日本人が好む醬油の「すっきりした」「調和のとれた味」は、発酵によってどのように生み出されるのだろうか。醬油の原料は、大豆、小麦、塩、水であるが、穀物原料のでんぷん、タンパク質はそのままではきわめて分解されにくい。そのため大豆を蒸し、小麦は炒って、コウジカビの酵素作用を受けやすくする。でんぷんは単糖のブドウ糖（グルコース）など糖類に、タンパク質は中間体であるペプチドを経てアミノ酸にまで分解される。

単糖は醬油に甘味を与えるとともに、次に諸味の中で増殖をはじめる耐塩性乳酸菌や醬油酵母の栄養源となる。コウジカビ、乳酸菌、酵母という三種類の微生物が順次増殖するのは、日本酒醪に似ているが、塩分濃度の高い醬油諸味の中では、耐塩性を有する必要があるのがちがう点である。

でき上がった醬油の化学分析結果を見よう。遊離アミノ酸中ではグルタミン酸がもっとも多く、アスパラギン酸、ロイシンがこれに次ぐ。昆布の旨味成分として分離、同定されたのは、グルタミン酸一ナトリウム塩（ＭＳＧ）であるが、グルタミン酸単独ではおいしいとはいえず、少量の食塩が存在することで旨さが引き立つ。他に有機酸として、おだやかな酸味のある乳酸、きつい酸味のある酢酸、微量のコハク酸、クエン酸、ギ酸などがある。乳酸は諸味中の乳酸菌によってつくられる。塩味だけだと、塩辛さばかりを感じることになるが、これら有機酸が存在すると、塩辛さが緩和され、後味がよくなり、味がしまってくる。

また二％程度存在するグルコース（ブドウ糖）にも同様の効果がある。現在でも九州、沖縄地方でつくられる醬油にはかなり糖分が多いものがあるが、地域性、嗜好のちがいによるものだろう。

香りはどうだろうか。醬油にふくまれる香気成分は実に三〇〇種類以上あるとされ、醬油が「香りの調味料」といわれる所以でもある。その多くは諸味中で酵母の働きによってつくられるといわれるが、一番多いのはアルコール発酵の結果生じるエタノール（エチルアルコール）である。次いで乳酸、グリセリンであるが、いずれも酸味、甘味はあっても香りはほとんどない。

火入れをすることで醬油の香りはいっそうよくなる。この香りのことを「火香《ひが》」とよぶが、主成分はイソバレルアルデヒドと考えられる。この他、カラメル様の香りがある成分もふくまれる。

一方アメリカで広くつくられている「醬油様調味液（HVP: Hydrolyzed Vegetable Protein）」は、化学的方法によってタンパク質を加水分解したものであるが、ガスクロマトグラフィーにかけて日本の醸造醬油と比較したパターンを見ると、はるかにピーク数が少ないことがわかる。微生物が時間をかけて分解した結果生成する数多くのピークに比べると、発酵食品の複雑な味と香りとの差に驚かされるのである。

この実験報告から、発酵法によって時間をかけてつくられる醸造醬油の味と香りの成分は実に多岐にわたっており、まだすべてが解明されてはいないことがわかる。味を「すっきりした」とか、「後味の良さ」といった官能評価結果だけであらわすことはむずかしく、まして数値化することはできない。

レポートはさらに醬油のもたらす七つの調理効果を挙げている。食塩以外の原料から発酵によってつくり出されるさまざまな物質が、かくも多くの効果をもたらし、醬油を単なる旨味調味料にとどめていないことに驚かざるをえない。

・加熱効果　加熱によって醬油中のアミノ酸と糖分が反応し（アミノカルボニル反応）、食欲をそそる香りが生じる。この点で糖分の多い味醂は照り焼きなどに適している。

・相乗効果　麵つゆがそうであるが、醬油の旨味成分グルタミン酸と、かつお節の旨味成分核酸の反応により、人間はよりおいしさを感じる。

・抑制効果　塩辛い食べ物に醬油をたらした時に塩味が抑制される効果である。

・緩衝作用　弱酸性の醬油は酢の物などの酸っぱさをやわらげる働きがある。

・消臭効果　魚の生臭さはトリメチルアミンに由来するが、煮物などに醬油を使用すると生臭さが消える働きがある。

・対比効果　甘い食品に少量の塩辛い醬油を添加することで、甘味がいっそう引き立つ。

・静菌効果　醬油の塩分、有機酸、アルコールは大腸菌などの増殖をおさえる効果がある。

第二章　古代日本の調味料

古代日本の調味料がいかなるものであったのか、残されている文献資料はきわめて少なく、詳細を知ることは困難である。

俗に「甘・辛・鹹・酸・苦」の五味といわれ、食物に味付けをする際に甘味、辛味、塩味、酸味、苦味は重要である。現在ではこれに「旨味」も加えるべきだろう。塩分の補給は栄養上きわめて重要であるが、製塩が普及するまでの時代、人々は動物の内臓、骨髄などから塩分を得ていた可能性もある。

周囲を海に囲まれた日本列島の沿岸部では、海水からの製塩は古代からあった。瀬戸内海の淡路島は、古来製塩の盛んな土地だったが、その情景は次のように『万葉集』にも詠われている。

名寸隅《なきすみ》の船瀬《ふなせ》見ゆる淡路島松帆の浦に朝なぎに玉藻刈りつつ夕なぎに藻塩《もしお》焼きつつ海娘子《あまをとめ》ありとは聞けど見に行かむよしのなければますらをの心はなしにたわやめの思ひたわみてたもとほり我《あれ》

はそ恋ふる船梶《ふねかじ》をなみ
『万葉集』（九三五）

藻塩は、海藻を簀子に積んで上から海水をかけ、太陽光の下で水を蒸発させてつくるものである。この作業を繰り返して次第に海水を濃縮していき、最後は小さな製塩土器に入れ、煮沸して白い結晶塩を取る。

塩田のような大規模製塩となると、さらに手間と人手がかかる。製塩は燃料として大量の薪を消費したから、海岸近くの森林は次々に伐採されて環境破壊が進んだ。塩は庶民にとってきわめて貴重で高価な商品だった。精製された現在の食塩とちがって、昔の荒塩には「苦汁」（塩化マグネシウム）など、空気中の湿気を吸って「潮解性《ちょうかいせい》」の原因となる物質がふくまれていた。したがって食塩を固体ではなく、濃厚な食塩水にして安定的に長期間保存するという意義も調味料にはある。

『万葉集』（三八八六）には、大君のために難波の小江《おえ》に棲む葦蟹《あしがに》を原料に、カニの肉醤をつくる過程を述べた歌があり、古代の調味料の片鱗をうかがうことができる。

ここでは、楡の皮を剝いで日光の下で乾燥させ、唐臼《からうす》、すり臼で搗き、初垂り《はつた》（海水をこして塩をつくる時に、最初に垂れた濃い汁）をカニとまぜて搗き、瓶に入れた。この歌は「きたひはやすも（賞味することよ）」を繰り返し結ばれている。「きたひ」とは魚肉、獣肉を細く切って塩をまぶし、乾燥させた食品である。

陸上動物の生肉に塩を振って長期間保存する「肉醤《にくしょう》（ししびしお）」は、衛生上の問題もあって、今ではほとんどつくられないが、生の魚肉を使う「なれずし」はこれに近い食品である。こうした食品が廃れてしまった理由は、発酵と腐敗の境界線上に近く、長期間の保存がむずかしかったからであろう。

調味料と味噌のようなおかずの嘗め物とを兼ねた肉醤であるが、楡の皮には辛味があって、古代は楡皮粉末が香辛料として調味料に加えられた。「楡皮《ゆひ》（にれのかわ）」は、大宝三年（七〇三）に美濃国から貢進された記録が藤原京出土の木簡にある。また『延喜式』の「典薬寮」でも、美濃国から貢進されることになっていた。楡皮は中国では古代から薬用、香辛料として広く用いられたようである。

さて古代料理の味を表現する資料はまことに少ないのだが、よく引用されるのは、『万葉集』巻一六、三八二九の和歌である。

ひしほ酢に蒜《ひる》つきかてて鯛ねがふ吾れにな見えそ水葱《なぎ》のあつもの

ひしおと酢に、野生の蒜をまぜて鯛の味付けをするのが当時はごちそうであったことを示している。今では固くてあまり食べないような野生植物も、広く食用にされている。ちなみに「水葱《なぎ》」はミズアオイという植物の古名で、そのスープは庶民が日常食べるものだったようだ。

朝廷でつくられた調味料

古代朝廷における天皇の住まいは「内裏《だいり》」、天皇の食事をつくる役は「内膳司《うちのかしわでのつかさ》」であった。また宴会などに際し、臣下の食膳を司るのは「宮内省大膳職《だいぜんしき》」の役目だった。この大膳職に属する「醤院《ひしおつかさ》（しょういん）」は、ここでつくった醤、味噌など調味料を保管した施設である。平城京に先立つ藤原京の時代からすでに醤を専門につくる役人がいたようである。

七一〇年に遷都した平城宮の遺跡は近年発掘調査が進み、大膳職の場所も特定されている。また、出土した膨大な数の木簡から、醤や味噌が貢物として都に送られてきたことも裏付けられた。[1]

その後一〇〇〇年近く都となった平安京では、酒をつくる「造酒司《みきのつかさ》」は内裏の西側に位置し、内裏の東南に「大膳職」の建物があった。中には「高部神」が祀られていた。高部神には貞観元年（八五九）に従五位下の位が授けられている。

平安時代に編纂された『延喜式』（九二七）は、律令の施行細則ともいうべきものだが、古代朝廷のさまざまな儀式で使用された酒、醤などの発酵食品について知ることのできる、ほぼ唯一の文献資料である。宮中の儀式に用いられた酒と酢は造酒司においてつくられた。

醤《ひしお》とは

膨大な資料にもとづいて奈良朝の食生活をまとめた関根真隆の研究によれば、当時の調味料としては、醤、豉、塩、酢、堅魚の煎汁《いろり》（カツオの煮汁）、甘味料などがあり、官人には階級に応じて、醤、米、大豆などが支給されていた。

醤類には、醤、荒醤、滓醤、醤滓、糟交醤、好醤、吉醤、悪醤、上醤、中醤、下醤、真作醤、酢滓醤、市醤などが存在したことがわかっているが、字だけではどのような調味料であったのか、わずかな記述をもとに定義づけることも、復元することも困難である。

宝亀二年（七七二）の『奉写一切経所告朔解』には、

醤四斗二升　新造「以醤大豆五斗得作汁」（宝亀二年、奉写一切経所告朔解）(2)

とある。ここに述べられている原料の「醤大豆」とはいかなるものだったのか、論議をよぶところである。醤大豆五斗から醤四斗を得ているが、醤は液体調味料だったと推測される。もちろん塩も加えられている。その他、

五百五十文合醤大豆料酒五升直升別一百文（神護景雲四年、銭用帳）
（糯米）一斗醤炊入料（宝亀二年、奉写一切経所解）

などの記録があり、原料として酒、糯米も使用されている。

また平安時代の『延喜式』の巻三三「大膳下」（九二七）を参照すると、「醤」「添醤」「未醤《みそ》」「等伊」「豉」の原料配合比率が記されている。[3] まず「供御醤《くごびしお》」の原料として、大豆三石、米一斗五升を使用する。さらに「糵《げつ》料」として、糯米《もちごめ》四升三合三勺、小麦と酒各一斗五升、塩一石五斗を加え、醤一石五斗を得るとある。

糵《げつ》とは本来「ひこばえ」のことであるが、この場合は麦芽のような稲の芽生えではなく、麹と考える方が妥当と思われる。また塩は大豆の半分も加えられており、たいへん多い。ここから一石五斗の醤が得られているが、収量はかなり低い。「但雑給料除糯米」との記述があるので、本来は天皇や貴族向けの高級調味料だったと思われる。その他の醤類については、奈良時代には以下の七点があった。

①**荒醤《あらびしお》**　買い求めた「荒醤」から「垂汁」なるものを取っているが、量は荒醤の二、三倍にもなる。この事実から関根は、荒醤一升につき水を加えて取ったか、垂汁を取ってから塩を加えたのではないかと推定している。加えるものは塩と水だけであるから、相当塩辛いものと想像されるし、「荒」の名もそこから生まれたのだろうか。

②**添醤《そえびしお》**　『延喜式』では、供御醤の次に紹介されるのは「添醤」であるが、醤滓《ひしおかす》一石、塩三斗五

升から六斗五升を得るとある。「滓醬」ではなく「醬滓」であるから、これは醬を一度搾って汁を分離した後の滓に塩を加えてつくる、今の「番醬油」のような調味料だったと考えられる。

③未醬《みそ》　「未醬」は、字から未だ醬になっていない調味料と考えられるが、醬大豆一石、米五升四合、糵用とし小麦五升四合、酒八升、塩四斗から未醬一石を得る、とある。大豆と米を主に、また麹用に小麦と酒を使用していることが興味深い。

④等伊《とい》　「等伊」は大豆一石四斗二升六合、海藻四斤八両から一石を得る。

⑤豉《し》　「豉」は大豆一石六斗六升七合、海藻四斤八両から一石を得る。豉はふつう大豆のみを使用した発酵食品を指すが、海藻も使っていることが面白い。

⑥滓醬と醬滓　諸行事のために用意されている。名前がまぎらわしい「滓醬」と「醬滓」であるが、滓醬とは滓がまじった醬のことであり、下等な調味料ではないらしい。関根はその理由として、価格が決して醬よりも安いとはいえず、また官位の高い五位以上の役人に支給されているからであると指摘している。[4] 滓醬は液体だけでなく、滓がまじった醬と考えてもよいだろう。醬滓は、文字通り醬の滓に塩を加えたものと見なしてよいだろう。つくり方は、次のようである。

塩参升二升作醬滓料 一升常食料　（天平宝字六年、食物用帳）

『延喜式』の「添醬」もこの醬滓に製法が近い。また醬滓は黒米（玄米）、塩とともに下層者に支給されることが多いため、下級調味料と思われる。

十九日下塩参升
右、醬滓又作料、下用如件（天平宝字六年、食物下帳）

奈良、平安時代の度量衡単位は現在より小さく、一升が約七二〇ミリリットル、一尺が二九・六センチくらいとされる。甕一〇〇口で醬を年間一五〇石（うち供御料、雑給料が半分ずつ）、甕五〇口で「添醬」六五石、甕五〇口で未醬五〇石を醸造していることから、容量が一・五石程度の甕多数を使用する、製造場所はかなりの規模だったと推測できる。

さらに野菜、果物類を醬や未醬に漬けこんだ「醬漬」もあった。瓜、茄子、冬瓜、蔓菁根（だいこんか）が使われた。醬油漬け、味噌漬けに近い。たとえば、正月の最勝王経斎会用の醬瓜をつくるのに、瓜四石七斗六升、塩を一石一斗四升二合、「滓醬」三石一斗四升一合を原料としているが、滓醬は粗製の醬を指すのだろう。

『延喜式』に登場する大豆発酵食品は、現在の醬油や味噌に近い。これを粕漬けに用いたりした。また平安時代の漢和辞書、源　順《みなもとのしたごう》編『倭名類聚抄』（九三七）は、別に唐醬というものがあり、豆醢《まめびしお》であると述べている。「醢《かい》」は本来肉の塩辛を意味し、動物の生肉を塩、酒、麴などに漬けたものである。一方、「醬」は主に豆が原料の発酵調味料を指した。

醤油の神

全国の造り酒屋に分祀されている酒の神は京都市松尾大社の祭神であるが、珍しい醤油の神様もある。ヒゲタ醤油の銚子工場には高家《たかべ》神社が祀られている。祭神は千葉県安房郡千倉町（現・南房総市）高家《たかべ》神社の磐鹿六雁命《いわかむつかむりのみこと》であるが、料理の祖神として全国の料理関係者の崇敬を集め、包丁式などの儀式も行なわれている。

先の『延喜式』によると、宮内省大膳式には御膳神八座の他に「醤院の高部の神」一座、竈の神四座が祀られていた。『日本書紀』には景行天皇五三年冬一〇月、磐鹿六雁命が天皇に堅魚と白蛤を差し上げたという故事があり、そのため料理の祖神、醤油・調味料の神として醤院に祀られたという。

ヒゲタ醤油の田中玄蕃は、醤油の神様はおられないものかいろいろと調べた結果、同じ千葉県安房郡千倉町にある高家神社に行き着いたという。同社には明治四四年（一九一一）から祀られている。

宴会料理

平安貴族の宴会料理と聞くと、ずいぶんロマンティックな響きがあるらしく、誰もがあこがれ、一度味わってみたいと思うようだ。また実際にこれを再現した試みも、かつて京都の料亭で行なわれた。

平安時代の宴会料理は、基本的に「大饗《だいきょう》料理」とよばれる。まだ中国の影響が色濃く、料理は各人の膳に一皿ずつ、順番に運ばれてくるのではなく、一度に卓上にならべる様式である。図は永久四年の大饗の献立図である。内訳は次のとおり。

・干物　楚割《すわやり》、干鳥、蛸、鮑など。楚割は魚肉を細く切って塩をつけ乾燥させたもの。

・生物　鯉膾、鯛、鱒など。膾は魚肉を刺身よりは細く切る。

・貝類　さざえ、鮑など。

・果物　梨。

・唐菓子　八種類の菓子類。

調理といっても生物でなければ、蒸すか焼いただけであり、まだ調味料とともに時間をかけて煮込んだものはない。

当時の味付けは食卓に醤、酢、塩、炒り酒の四種類の調味料が入った小皿を置き、食材に好みに応じて自分でつけたり、かけたりして食べた。また堅魚（カツオ）を煮た汁のことを煎汁《いろり》といったが、これは味が濃く、ひしおの代用品にもなる。食材を味噌や醤などといっしょに長時間煮て味付けするようになるのは、もっと後の時代になってからである。

平安貴族の宴会メニュー

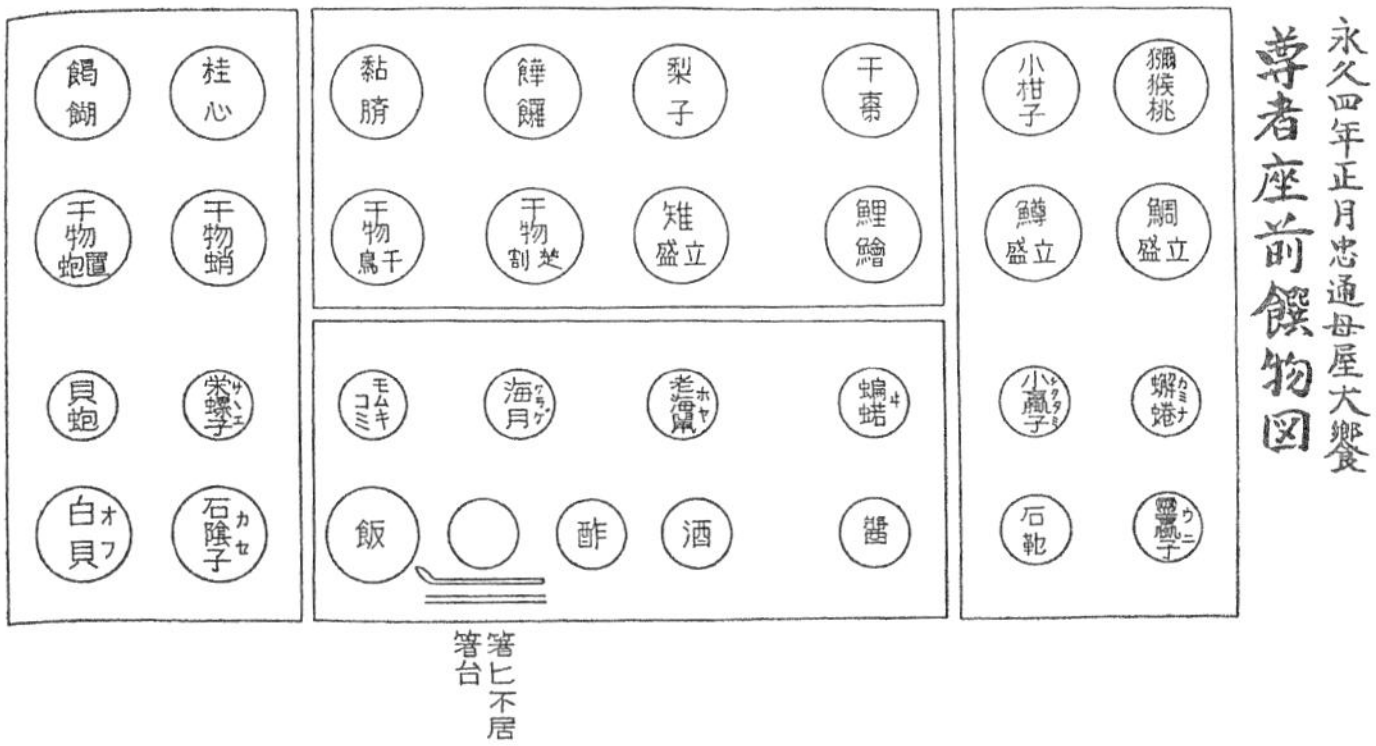

調味料は別に置かれている。

出典：倉林正次『饗宴の研究　儀礼編』桜楓社，1965年，447頁。

第三章　室町・戦国時代の調味料

寺院の食事

かつて仏教の僧侶は知識階級に属しており、平安時代に唐に留学した空海や最澄は、海外の新知識を日本にもたらした。そうしたさまざまな知識や科学技術には、土木技術、茶の加工法、麺類などもふくまれる。鎌倉時代、京都の禅宗寺院である東福寺の開祖聖一《しょういち》国師は、宋から小麦の製粉技術を取り入れ、境内に水車を動力にした茶と小麦の製粉所をつくり、その図面も残っているといわれる。小麦粉は水を加えて練り、伸ばして麺類に加工され、以後京都の禅寺では麺食の文化が発展した。禅寺の食と調味料の関係を見ることにしよう。

室町・戦国時代の生活記録で今日まで残されているものとして、相国寺蔭涼軒《しょうこくじいんりょうけん》の『蔭涼軒日録《いんりょうけんにちろく》』や、『鹿苑日録《ろくおんにちろく》』などがある。

京都御所のすぐ北に位置する臨済宗相国寺は、永徳二年（一三八二）、室町幕府の三代将軍足利義満の発願により足利家の菩提寺として創建された。相国寺の塔頭《たっちゅう》の一つに蔭涼軒があった。本来軒主は足利将軍であったが、やがて留守職の僧侶が実権を握って、「蔭涼軒主」を自称するようになった。『蔭涼軒日録』は蔭涼軒の公用日記であり、応仁の乱以前の永享七年（一四三五）から明応二年（一四九三）まで書き続けられた。

応仁の乱以前の相国寺には八〇〇人もの僧侶が居住していたといわれ、彼らは知識人の一大集団を形成していた。この日記には室町幕府の政治、経済、相国寺の仏事、寺領、日明勘合貿易などに関する多くの貴重な記録がふくまれている。また寺院の日常生活、たとえば将軍「御成《おなり》」の際の食事、行事食、贈答品などに関する貴重な記事も多い。その中から料理の調味料に関する記述を探してみる。(1)

寺院では本来一日一食が基本であり、もともと僧侶は昼食しか食べなかった。そこで正しい時間に摂る食事の意味で昼食のことを「斎《とき》」、それ以外の食事を「非時《ひじ》」と称した。もちろん基本は精進食である。

しかし一日わずか一食では、あまり運動をしない僧侶でも足りないだろう。そこで食事回数は次第にふえていくことになった。当時相国寺蔭涼軒においては、朝食、昼の斎のほか、諸行事の際には「晩食」も出され、また斎の前に「半斎《はんさい》」、疲れた時の軽食には「点心《てんじん》」などもしばしば供された。

これは三度の食事の他に、おやつまで食べる現代人の食事に近い。三度食が日本の社会全体に普及したのはいつごろなのか、食文化史の研究では重要な課題となっている。しかし、日常生活に関する資料の不足、地域差、属する階層のちがいなどから、すぐに結論を出すのはむずかしい。

寺において調理を行なったのは、「調菜《ちょうさい》」とよばれる僧体の料理人である。『七十一番職人歌合』（一五〇〇）に登場する調菜は、魚や魚を調理する武士姿の「庖丁」とは明確に区別されており、また副業として精進の菜饅頭を売っている。蔭涼軒にも「当院之調菜」と専属料理人がいたことがわかっており、日記の記者は各種行事の前には調菜を召し出して昔の精進食の献立について尋ねるなど、先例がきわめて重視されていた。

主食は粥と麵であり、朝食は大抵白粥だった。また禅寺では、一二月八日に「温糟粥《うんぞうがゆ》」を食べる習慣があった。温糟と紅糟は、『下学集』（一四四四）によると同じもので、正月一五日の小豆粥のことだとしている。しかし後の『貞丈雑記』（一七六三）はこの説に否定的であり、「紅」の字は「うん」とは読まない、温糟と紅糟は別物であろうと主張する。

温糟、紅糟は味噌と酒粕で味付けした粥とされるが、温糟（紅糟とも書かれている）は一二月八日の将軍御成の日に素麵といっしょに供されている。紅糟がふつうの小豆粥ではなく、醬《ひしお》あるいは味噌で味付けしたものであったらしいことは、紅糟の塩味が薄いと不満を述べている以下の『日録』の感想からもわかる。

晩来喫紅糟。薄於漿。太不可也（明応二年一二月二九日条）

外見も異なる「調菜」と「庖丁」

庖丁

調菜

出典：『七十一番職人歌合』より。

ここで「漿」の字が何を意味するのかが問題だが、どろっとした液体を指すことからおそらく調味料の醤か味噌のことだろう。一方、蔭涼軒において正月一五日に食べる小豆粥は、「赤粥」と表現されており、明らかに「紅糟」とは区別されている。

小麦粉に水を加えてこね、引き伸ばして細い麺にする技術は、中国からもたらされた。しかし「麺」の正字は「麪」で、中国語では小麦粉をあらわすから、話はわかりにくい。日本の麺は、中国語なら「麺条《メンティアオ》」、日本語なら「つるつる」とでも表現すべきなのだろう。日本で麺食が盛んになるのは南北朝時代からであるが、禅宗寺院が起源であることは間違いなく、前述のように京都東福寺には水車を利用した製粉所の見取り図も残されている。相国寺に大きな水車があったとの記述は『日録』中にもみられ、自家製粉をしていた可能性が高い。

禅寺における麺は素麺が主体で、うどんに関する記述は多くない。また水滑麺、経帯麺といった麺の名前も見出せる。記者の亀泉集証《きせんしゅうしょう》は、元代の家庭百科全書『居家必用』を参照して、麺には水滑麺、索麺（素麺）、経帯麺、托掌麺、紅糸麺、翠縷麺があると皆に説明しているが（文明一七年五月一七日条）、蔭涼軒においてつくられていたのは、このうち素麺、饂飩のほかに時々水滑麺や経帯麺だったと思われる。禅寺の麺食に関してはまだわからないことが多い。

麺は、夏は冷たい麺つゆにつける「冷麺」、冬は温かい汁の「温麺《うんめん》」で食べることが多かった。麺は斎の他、軽食である点心にもよく用いられている。夏はいつから冷麺にするか、記者は過去の『日録』を参照し、前例をもとに決定し、命じた。ふつう冷麺は毎年四月一四日にはじめた。

しかし冷夏の場合、話は別である。たとえば永享七年（一四三五）八月七日に将軍の御成があったが、涼しいため冷麵は略すべしとの命が下された。記者は『日録』を点検し、過去の記述を見出して回答している。このように重要な行事の指針として『日録』は欠かせないものであった。

さて醬油がまだ登場しないこの時代、麵つゆに何を使ったのだろうか。麵つゆの調味料は、水でうすめた味噌を煮詰めてから搾った「垂れ味噌」が一般的だったようである。さらに香辛料として、白芥子、山葵、山椒などを添えた。麵つゆに関して興味深い記述がある。

三汁十四菜。中湯三返。麪（麵）。麪汁辛子也。皆垂涙。抱鼻。満座呵々大（咲）笑。一時快也

（延徳二年九月二八日条）

麵つゆに芥子を入れるのは特別なことだったようで、あまりの辛さに皆涙を流し、鼻を押さえる大騒ぎになったのである。

ちなみにお代わりは「再進」と称し、斎ではまず麵つゆ、次いで麵を各一回お代わりする習わしだったが、まれには「再進両度」と二回することもあった。

公卿の食事

京都の中流公卿山科《やましな》家は歴代筆まめな当主が多く、多くの日記が今日まで残されている。これらの日記によって、一五世紀はじめの応永年間から戦国時代を経て江戸時代の初期まで、およそ二〇〇年間の京都、一部は大坂における公卿や庶民の食生活の変化をたどることができる。現物が残らない食の場合、日記は貴重な生活資料である。

日記には、山科家所領からの農産物、公卿仲間からのもらい物、日常の買い物など、さまざまな食品名が記録されている。発酵調味料やこれを使った料理に関する記事はないだろうか。

応永一四年（一四〇七）の『教言卿記《のりとききょうき》』六月一四日条には、「烏賊ヒシホ」と「鯛ワタノナンシ物」各一桶をもらった記録がある。ワタは内臓のことである。内臓に塩を加えてつくる今の「塩辛」は、室町時代は「なんじもの」とよばれ、保存食品として広く利用されていたようである。

味噌はどうだろうか。山科家の雑掌が残した『山科家礼記《やましなけらいき》』の明応元年（一四九二）八月五日条には、珍しく調理法まで述べた例がある。

飯田・富松よび、餅にイリコ・マルアワビ・スルメ・マメ入テタレ味噌ニテニテクワス、酒候也

飯田と富松を呼んで、餅にイリコ（米の粉あるいは乾燥したいわし）、丸鮑、するめ、豆を入れ、「垂れ味噌」で煮た料理を食べさせ、酒を飲んだ。垂れ味噌を調味料に使用したことがわかる唯一の個所である。これに近い料理としては、同時代の『山内料理書』（一四九七）にも、夏の料理として越瓜

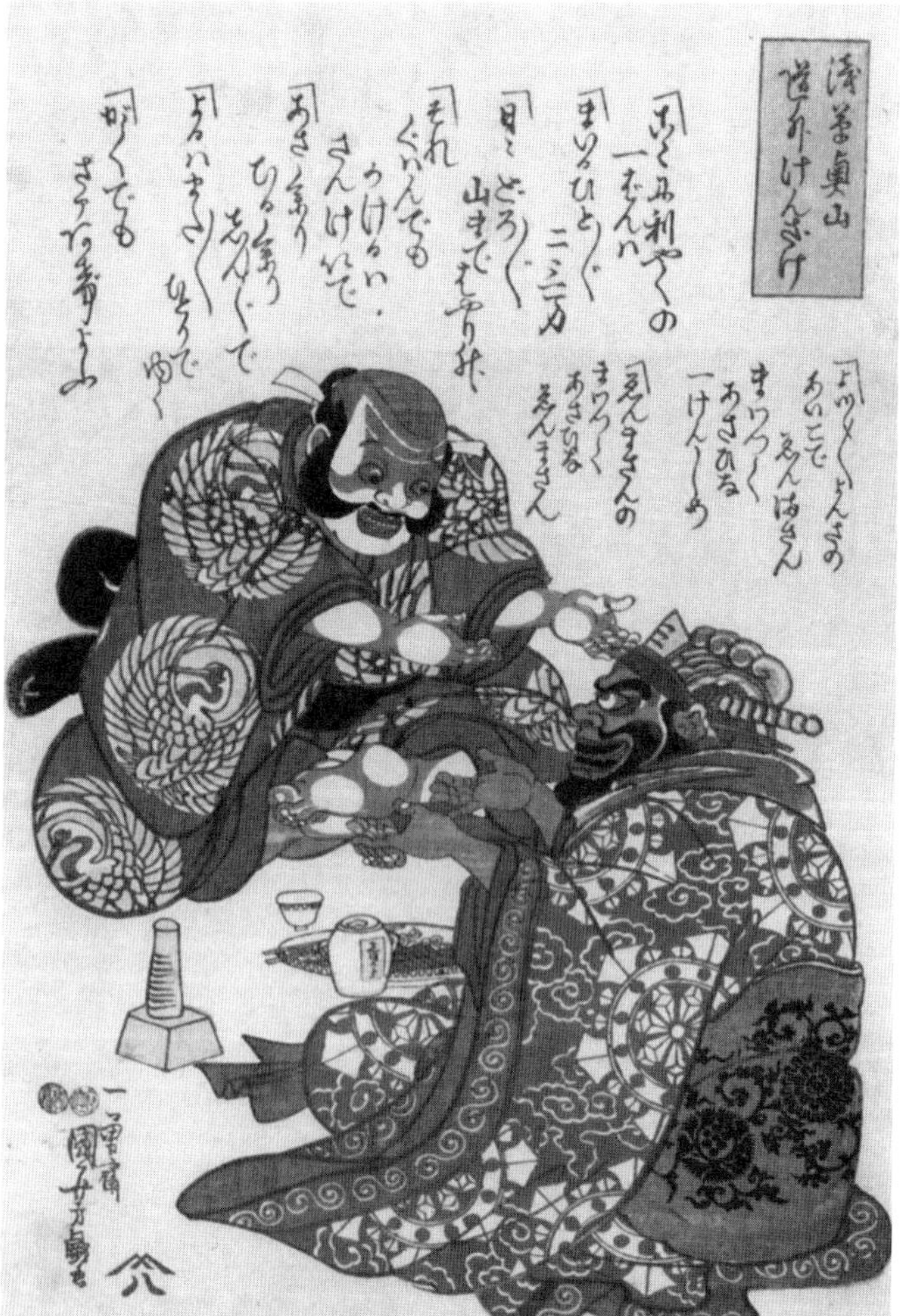

歌川国芳画「浅草奥山道外けんざけ」(弘化4年)。負けた方が酒を飲む罰ゲームに興じる閻魔とその共。2人の間に「しほから」と書いた壺がある

（奈良漬用の大きな白瓜）、餅米、いりこ、丸鮑を垂れ味噌で煮よとあって、その頃一般的な料理だったらしい。

料理に煮物が加わるのは、味噌を摺るすりこ木、すり鉢が普及した鎌倉時代以降、これも寺院からはじまったようである。

この「垂れ味噌」のつくり方については後述する。垂れ味噌を入れる袋は、京都東寺の文書にも登場するので、醬油がまだ登場しない一五世紀半ば頃には広く使われていたらしい。

醬油の誕生

醬油のもとになった調味料は、醬《ひしお》だといわれる。醬はご飯にのせる、生野菜につけるなど、嘗め味噌的な食べ方をする調味料であり、現在も入手できる。醬と味噌を比較すると、原料に大豆、麴、塩を用いる点は同じだが、水分が多く、大豆や麦の穀粒をふくんでいるのが醬、原料をよく搗いてペースト状にしたものが味噌だということになりそうである。

醬油をつくるには、この醬の入った甕や桶の中に竹製の簀《す》を沈め、中に浸透してくる液体を柄杓で汲み取るか、諸味を布袋に入れ、圧搾して清澄な汁を取る。あるいは「味噌のたまり」というものがあり、味噌から浸み出てくる液体を集める。

醬、味噌、醬油は互いに近縁関係にあるが、室町時代以降、食物を煮るのに用いられた各種大豆発

大豆発酵食品の分化

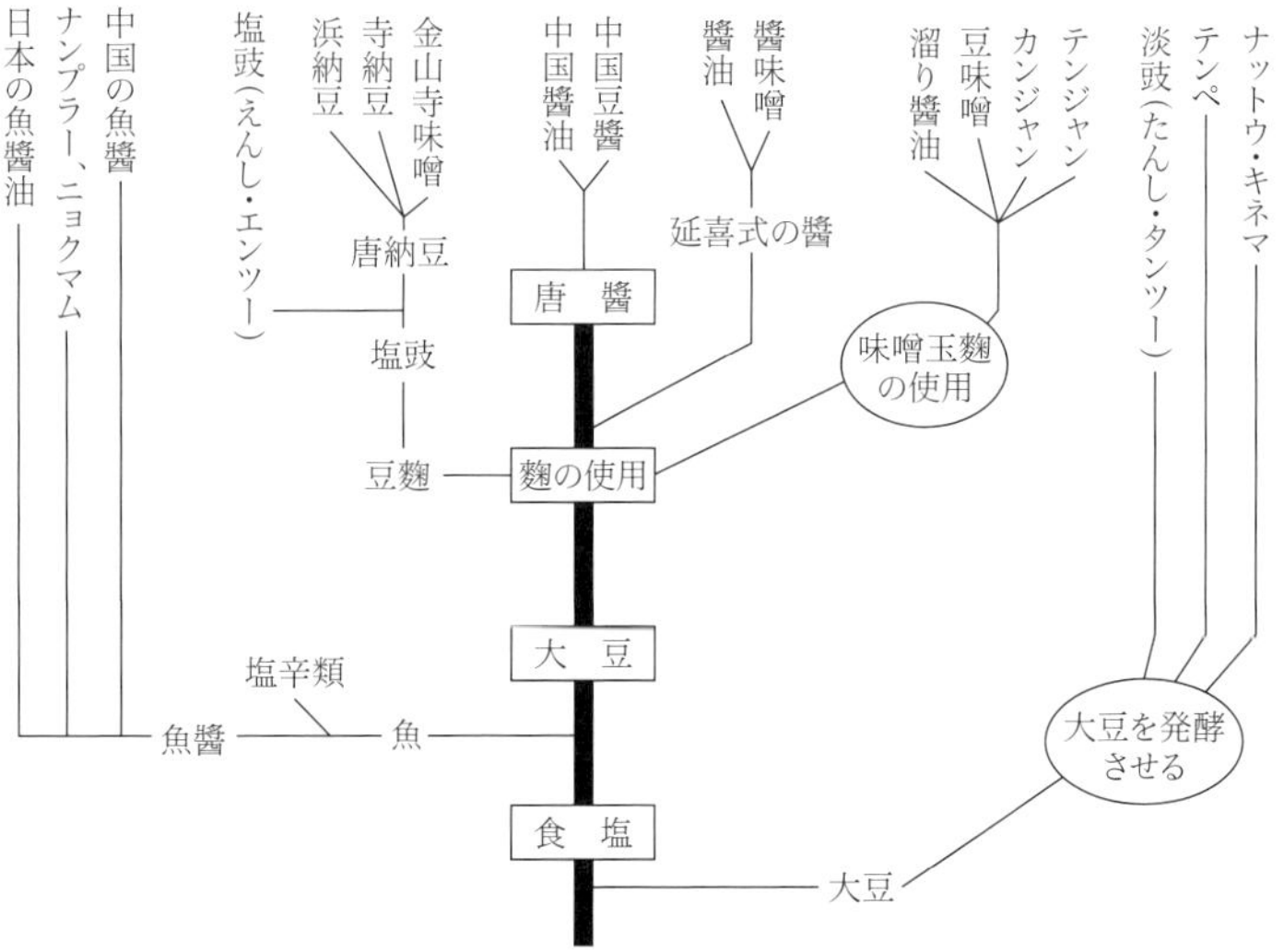

出典：前田利家『味噌のふるさと』古今書院，1986年をもとに作成

酵調味料の分化と進化について考えてみよう。

大豆を煮た時に出る汁を「色利《いろり》」というが、色利は鎌倉時代末の『厨事類記《ちゅうじるいき》』（一三〇〇）に醤とともに出てくる。室町時代末頃からは、食物を煮るのにしばしば「垂れ味噌」という調味料が登場する。そのつくり方は、味噌一升を水三升五合に溶き、煎じて三升ほどになった時に布袋に盛り、垂れてくる汁を集める。もっと簡単にできる、味噌を生のまま溶いた「生垂《なまた》れ」というものもある。「垂れ味噌」の初見は、従来『四條流庖丁書』（一四八九）とされているが、もう少し以前から存在したようである。応仁の乱頃の『東寺光明講方道具送文帳』（一四六一）に、「味噌垂袋　一」とあるが、この味噌垂袋は垂味噌つくりに使った袋と思われる。

室町時代中期以降に原本が成立したと思われる各流派の料理書によって、料理と醤油の関係を検討してみる。まず『四條流庖丁書』には、小鮒を煮る料理として、「タレミソ」を用いた「煮こごり」（煮汁が冷えてゲル状に固まったもの）が紹介されている。味噌をすり鉢で摺った「スリミソ」で煮たものは「シロニノコゴリ（白煮のこごり）」と称している。

また前述のように、公卿山科家の雑掌が記した日記『山科家礼記』にも垂れ味噌を用いた記録がある。

『群書類従』におさめられている『大草家料理書』『包丁聞書』『大草殿より相伝之聞書』（いずれも天文一九年・一五五〇頃か）には、焼魚、うなぎの蒲焼、鯛の串焼、うなぎの膾《なます》など、醤油を用いる料理が多い（表を参照）。一方、古味噌やすまし味噌を濃縮、煮沸して使っている場合もある。当時醤油がそれほど普及していたのか、やや疑問が残るところである。これら醤油を使った料理は、後年になって書き加えられたのかもしれない。

また『大草殿より相伝之聞書』の「うはみしる」とは、「すまし味噌」に「しろ水《み》」（かつおを少し削り出したもの）を加えたもので、魚の煮物に用いた。

醤油が誕生したのは一六世紀の半ば頃といわれている。この「醤油」という語がはじめて文献に登場するのは、通説では『易林本節用集』（慶長二年・一五九七）とされており、原本の成立は室町時代中頃とされる。

主な料理書に登場する調味料

調味料	書　名	成立年代
醬，色利	『厨事類記』	正安 2（1300）
醬	『庭訓往来』	宝徳 3（1451）(最古写本)
垂れ味噌	『四條流庖丁書』	長享 3（1489）
すり味噌 垂れ味噌	『山内料理書』	明応 6（1497）
古味噌 すまし味噌 ふくさ味噌 醬油	『大草家料理書』	天文 19（1550）頃か
垂れ味噌	『庖丁聞書』	天文 19（1550）頃か
うはみしる	『大草殿より相伝之聞書』	天文 19（1550）頃か
正木醬油，仙石流醬油，正木ひしお，生垂れ，垂れ味噌，煮貫	『料理物語』	寛永 20（1643）

出典：吉田元『日本の食と酒』人文書院，1991年，205頁。

もう少し年代のはっきりした記録をさがすと、公卿山科言継《やましなときつぐ》が、永禄二年（一五五九）宮中女官の長橋局《ながはしのつぼね》に「シヤウユウ」の小桶を贈ったことが記録されている。その内容についてはまったく不明である。それから約四〇年後、文禄、慶長年間の『言経卿記《ときつねきょうき》』でも「シヤウユウ」がやりとりされているが、この時期は醤も共存しており、両方が出てくる。

次に紹介する奈良興福寺の『多聞院日記』では、醤油に関する記録は以下の二か所のみである。

長印房へ羅漢供ニ徳利醤油持出了（永禄一一年一〇月二五日条）

十後ヨリ梅ツケ正（醤）ユウ取ニ来、遣（天正一〇年八月二四日条）

「醬油」という調味料は、おそらく一五五〇年頃近畿地方の京都か奈良において誕生したもので、当時きわめて珍重されていたと思われる。醬油に関する文献ではっきり時期を特定できるものは、やはり日記類であろう。

奈良興福寺の塔頭多聞院には、室町時代中頃の文明一〇年（一四七八）から江戸時代初期の元和四年（一六一八）まで百数十年間にわたって、英俊（一五一八—九六）ら三人の僧侶によって書き継がれた『多聞院日記』があり、当時の寺院の生活、日本酒の技術革新などがかなり明らかになってきた。従来あまり注目されてこなかったが、実は醬油をはじめ各種大豆発酵調味料の製法に関する日記の記述は、酒に関するものより詳しい。発酵の分野で寺院が果たした役割はきわめて大きかったと言ってよいだろう。

何百人もの僧侶をかかえる大寺院では、生活必需品である酒、味噌、醬など発酵食品は業者からも購入したが、自家醸造も行なっており、日記には一六世紀半ばの天文年間から数十年間にわたって、作業現場における生のデータがたくさん残されている。中世から近世にかけて残されたごくわずかな資料をもとに発酵食品の定量的解析をするなど、ほとんど絶望的に思われるため、本日記はきわめて有力な手がかりなのである。(2)

多聞院にこの日記とは別に醬や味噌醸造の詳細を記した作業ノートが存在していたことは、出入り業者の「ヒセン」（屋号の「備前屋」の意味で「火煎」ではない）からの依頼で、これを渡したという以下の記述からも明らかであろう。

ヒセンヨリ唐ミソ醬仕様日記ノ事申間書遣之（天正一三年五月二一日条）

まず日記に出てくる発酵食品を名称から醬《ひしお》、味噌（唐味噌、吉味噌、大ハ味噌、法論味噌、粉味噌）、納豆（納豆、唐味噌）のように分類した。

大豆発酵食品の製造に関する主な記述を日記から拾ってみよう。まず原料の大豆は「イル」「煎之」「ムス」と、炒るか蒸すかいずれかである。大豆と麦を混ぜた後にコウジカビを着生させる製麴《せいきく》は、「子《ね》サセ了」、さらにここに塩と水を加える仕込みについては、液体状の食品は「入了」、これを搗く操作が加わるペースト状の味噌では「ツキ入了」、あるいは「ツキ了」となっている。また、でき上がりは「上了」「口開」「口開了」などと表現されている。以下発酵食品の内容について検討してみる。

醬

現在の醬油の前身となったといわれる食品である。粒状の大豆と麦がふくまれる。簀《す》で漉したり、諸味を布袋に入れてから圧搾して液を取ってはいない。

永禄八年（一五六五）、醬の最初の仕込み記録には、原料配合比を記した後、「以上為後年注之」と付記されている。以後文禄五年（一五九六）の最後の仕込みまで内容を追跡することができるが、この間原料配合比、仕込み方法にほとんど変化はなく、最初の製法が数十年間守り続けられていること

醤の原料配合比率

原料	『多聞院日記』		『本朝食鑑』		『和漢三才図会』	
	使用量	%(v/v)	使用量	%(v/v)	使用量	%(v/v)
大豆	9升	12.50	3升5合	14.58	1斗	30.67
麦	大麦《マツキ》3斗	41.67	小麦1斗	41.67	精麦1斗	30.67
塩	9升	12.50	2升5合	10.42	2升6合	7.98
水	2斗4升	33.33	8升	33.33	1斗	30.67
合計	7斗2升	100.00	2斗4升	100.00	3斗2升6合	99.99
水/(大豆＋麦)	0.615		0.593		0.5	

V/V は容量比の意味

に驚く。

仕込み規模は最大でも一石未満、多くは七斗程度であり、六月上旬から七月下旬にかけて仕込み、足りない年には八、九月にも追加製造した。原料は大豆、大麦、塩、水。

この醤を江戸時代初期の『本朝食鑑』、『和漢三才図会』のそれと比較、検討してみよう。

多聞院でつくられていた醤は、小麦ではなく大麦を使用している点を除けば、『本朝食鑑』の醤と驚くほど原料配合比が一致する。水は三者ともに約三〇％、また水／大豆＋麦の比は時代が下るにつれてやや低下して、『和漢三才図会』の醤は味噌にも入れられている。

製麴《せいきく》は「マツキ大麦」（真搗きとは水に浸漬した麦を一度よく搗き、乾燥後再び搗くこと。『和漢三才図会』では精麦に「マツキムギ」と訓がある）と炒った大豆を七日間寝かせた。コウジカビの良好な着生は、「一段花ヨク付了」と表現されている。

製麴後に塩と水を加えて仕込むが、でき上がるまでの所要日数は記載がない。醬づくりにあたってはいろいろ工夫した跡がうかがえる。「しるく」（水っぽく）なるので塩水を控えているが、嘗め味噌のような食べ方ならこれでよいのだろう。『本朝食鑑』の醬は、小麦を蒸して飯にし、そこに炒って完全に粉末化した大豆をまぶしているけれども、多聞院では大豆は外側を炒ってから皮をむき、水洗し、「マツキ麦」と混ぜてから味噌豆になるほどよく蒸して製麴する『和漢三才図会』に近い製法を採ったようである。逆に『本朝食鑑』の醬油のように、蒸した大豆と炒った大麦を蒸してから製麴する方法も試みているのだが、炒ったために結果はすぐれないとあり、仕込みをやり直した。ふだんは前述の方法によっている。

醬は自家用以外に他の塔頭にも贈り、また容器は専用の桶、壺、瓶を用いている。

味噌

①唐味噌　訓は「とうみそ」である。「唐キビ」「唐イモ」「唐瓜」といった具合に、『多聞院日記』では外来の食物に「唐」をつけている例が多いのだが、「唐味噌」も中国伝来なのだろうか。この名称は従来どの味噌解説書にも出てこないものである。

唐味噌は日記中至る所に登場し、仕込みの記録も天文一九年（一五五〇）から慶長四年（一五九九）まで実に三〇回余も追跡可能である。原料は大豆、大麦あるいは小麦（両方用いた例もある）、塩と水である。製麴は六月上旬―下旬、仕込みは約一週間後、製成は八月中旬頃、通常約六〇日を要した。天文一九年の最初の仕込み記録を引用する。

唐味噌今日入了、大豆一斗三升・小麦一斗三升・塩一斗三升・水三斗三升入了、水ハ惣ソ一色ノ
升数ノ三倍也

仕込み規模は一―二石。その後もほぼ同じ原料配合比で慶長年間までつくり続けられ、大豆、麦、塩がそれぞれ約一七％、残り約四七、八％は水となっている。麦は大麦のみ、小麦のみ、また大麦・小麦半分ずつと種々試みている。処理法も真搗き、炒る、半分炒り半分蒸す、半分は粉にするなど、さまざまな工夫の跡がうかがえる。当初筆者は唐味噌とは現在の麦味噌に近いものと思っていたが、水分は醬よりもはるかに多く、またペースト状の味噌仕込みの際には用いられる「ツキ入了」という表現が一度も出てこないことから、名称は味噌でも実態は江戸時代の醬油に近いものであろうと考えを改めた。

水を控えて一部大豆の煮汁を加えることやコウジカビの良好な着生状態を「花ヨク付了」とする表現も醬と同じである。唐味噌はそのまま食用にもした。簀で漉したり諸味を圧搾する作業の記述はないが、九―一〇月にかけて「唐ミソノ汁上了」と汁を取っていることがわかるし、また、「浄円唐味噌ノス借ニ来候間遣候」（傍点筆者）と唐味噌用の簀《す》を他の塔頭に貸していることからも、簀で漉したものと思われる。唐味噌は他の塔頭、出入りの商人等に贈ったり、粕を食べたり販売している。

諸味を圧搾した後の粕に麴、塩、水を加えてつくる醬油を、江戸時代は「番醬油」とよんだが、『多聞院日記』には一〇月から翌年の正月にかけて「唐味噌二番」という語が何回か見出せる。仕込

み配合比を『本朝食鑑』の二番醬油のそれと比較した。

唐味噌二番の水と大豆煮汁の合計は約六〇％に達し、塩分濃度も高い。二番汁を取った後の粕はそのまま食用にするか、後述する「大ハミソ」中に漬けた。同日記中で「麴」は断らないかぎり米麴を指している。また、天正一四年（一五八六）秋にはそれまでの升よりも大きな「京升」へ制度が切替えられ、以後この新升を使用した場合には「京升ニテ入了」などと注記されている。

唐味噌の製造過程は毎年詳細に記録されていて、たとえば天正一六年（一五八八）についてみると、原料は大豆一斗五升、大麦と小麦が半分ずつ計一斗五升、塩一斗五升、水四斗五升のうち二升をひかえて四斗三升とし、大豆煮汁はそのうち一斗を使用した。大豆と麦の麴を七日間寝かせ、八、九日目から天日に干し、三日間乾燥させ、温かいうちに塩と水を加えた。この時は発酵がうまく進まず酸っぱくなってしまったので、七月末に麴三升、塩三升をあらためて添加した。翌一七年正月の二番仕込みには大豆煮汁を加えた。

江戸時代中期以降の醬油のように、諸味を圧搾した後、火入れによる防腐、着色、滓の除去はしていないが、唐味噌の保存に関してきわめて注目すべき記述がある。


唐ミソノ汁カフル間、カエラカシ了、二斗余在之（天正一六年閏五月七日条）

「かぶる」は変化する、失敗することと思われる。また「かへらかす」とは「煮えたぎらす」ことであるから、この文章は梅雨時に唐味噌の汁が変質してきたので、煮沸したという意味である。『多聞院日記』は日本における酒の低温殺菌操作のはじめての記録とされるが、その作業は単に「煮ル」とだけ書かれていて、温度に関してはまったく不明である。しかし唐味噌に関しては夏になって汁が腐敗しかかったら、煮沸して長持ちさせると記してあるので、すでに殺菌が経験的に行なわれていたと考えられる。

筆者が唐味噌に注目したのは二〇数年前、最初の著作を執筆していたときであった。その時点では唐味噌の汁が重要であり、「唐味噌二番」の方は諸味を搾って得られた滓に再度麹、塩、水を加えて抽出する、後の「番醬油」のような下級調味料にすぎないと考えていたが、最近松本忠久は、この日記の記述にもとづいて唐味噌二番の復元を試み、醬油の系譜に関してきわめて注目すべき説を述べている(3)。

唐味噌のつくり方であるが、大豆、小麦、塩、水が原料であるから、麴は米ではなく、豆麴となる。ひたひたになる程度に水を加えて密封し、重石をして酸素の供給を絶って発酵させる。でき上がった唐味噌の汁はどろどろした粘り気のある濁った液体で、現在の白醬油のような淡茶色をしている。唐味噌の汁は正倉院文書に出てくる「醬大豆もろみ汁」とほとんど同じであろうという。

次に「唐味噌二番」の特徴は、一斗六升も加える「大豆煮汁」である。大豆煮汁は俗に「アメ」とよばれ、料理に照りや粘りをつけるために使われた。これほど多くの大豆煮汁を発酵調味料に加える例は他にないが、これが唐味噌二番の性質を決定するようである。一か月発酵させた後に生揚げ醬油を取り、さらに火入れを行なってろ過した。

復元実験の結果できた唐味噌二番の色は、現在の白醬油とほとんど見分けがつかないほど淡いコハク色で、味は白醬油に似ているが旨味に乏しく、塩味がストレートに感じられ、香りは濃口醬油を水で一〇倍薄めたくらい淡いものだった。

日本醬油分析センターの試験結果成績書によると、唐味噌二番タイプAでは食塩が二四・〇五％と現在の白醬油より多いものの、全窒素分、エキス分は少なく、酸度は低く、アルコール分は検出されなかった。原料のタンパク質が少ないから全窒素分も少なくなる。また、還元糖やエキス分が多いのは、米麹を使用した結果と考えられる。

松本はこれを料理に使用しているが、野菜や豆腐などのやんわりした味を引き立てるもので、寺の精進料理にぴったりであると評価している。濃口醬油とはかなりちがった性格をもつ奈良時代の醬大豆もろみの汁とこの唐味噌二番は、精進料理や関西風の料理を育てた調味料と考えることもできるのである。

②吉味噌　訓は「よきみそ」。吉味噌は天文一九年（一五五〇）にはじめて『多聞院日記』に登場する。他に「上ノミソ」というのもあるが、原料配合比はほぼ同じで、いずれも米を使用した上質の味噌という意味だろう。現在の米味噌に相当する。原料は大豆、米麴、塩。永禄一〇年（一五六七）から文禄五年（一五九六）まで約三〇回の仕込みは、真夏を避け、秋一〇月から春三月頃までが多い。仕込みの規模は一石一斗—六石七斗で、熟成までには五—八か月を要した。この味噌も二〇数年間原

料配合比にはほとんど変化はなく、完成品の大豆約四二―四六％、米麴約三七―四二％、塩約一四―一六％である。

天正九年（一五八一）二月一一日の仕込みについて味噌づくりの現場で慣用されている式に従い容量比から麴歩合、塩切歩合を求めてみる。ここで大豆の量を（S）、麹の量を（R）、食塩の量を（N）とする。現場で使われる麴歩合＝R／S、塩切歩合＝N／Rを求めてみると、現在の味噌の基準からすると、かなりの辛口、長期熟成型と思われる。味噌は地域差が大きいので直接比較することはむずかしい。

味噌、醤に使用する塩は、寺男らが郡山の市まで買いに出かけ、米と交換した。仕込みにあたっては米、大豆、塩など原料の購入価格、人夫の賃金、飯、酒代にいたるまで詳細に記録されている。麴はふつう米麴を用いたが、まれに大麦麴を用いた例もある。

当時の味噌は、

味噌去年春舂《つき》入、来年ハ三年ミソニナル、味如何ノ間、今日カウシ・シヲ加入テツキ合了

とあるようにかなり長期間貯蔵され、日記中には「三年味噌」という語も出てくる。

③**大八味噌**　配合比も少しずつ異なっているが、「大ハミソ」の仕込み例を二つ挙げよう。いずれも、大豆、糠、塩を使用しており、その他に酒粕や「唐ミソノカス」、麴なども加えている。この味

噌は先の吉味噌と同時に仕込んでいることもあり、大豆を煮て塩、糠、麴とともに「ツキ入了」とある。また以下のように大豆、麴、塩を加えて古い味噌の搗き直しも行なっている。

大ハミソ、古ニコメ五斗、シヲカウシ五斗入テツキナヲシ了
大ハミソマメ三斗カウシ三斗シヲ二斗余ヌカ入テ古ニツキ入了

大ハ味噌は、春酒を上槽した後の酒粕、また唐味噌の二番汁を取った後の滓を利用したもので、糠味噌の一種と考えられる。春酒づくりが終わり、麦が収穫される五月頃からはじまる寺の発酵調味料づくりでは、滓が無駄なく利用される。

④法論味噌　法論は「ほうろ」あるいは「ほろ」と読む。法論味噌は奈良の寺院において法論（仏教の教義に関する議論）の際に僧侶たちが食べたので、この名がついたという。『七十一番職人歌合』第一八番に登場する法論味噌売りは、「われらもけさならより来てくるしや」と口上を述べ、また

夏まではさし出ざりしほうろみそそれさへ月の秋をしるかな

という和歌もあることから、奈良から京都へ運ばれ、夏が過ぎてからつくったものらしい。戦国時代の公卿山科言継、言経の日記によると、彼らは奈良の春日大社や興福寺松林院の僧侶から、土産とし

て高級酒の奈良諸白とともに紙袋入り法論味噌をたびたびもらった。その初見は永禄七年（一五六四）、季節は一回を除き九月─正月である。

江戸時代の京都地誌『京雀跡追』（一六七八）、『京羽二重』（一六八五）、『雍州府志』（一六八六）には、京都の法論味噌屋について、柳馬場五条上るに一軒だけあったという記述が見える。その製法は『雍州府志』によれば、黒豆を煮て砕いて豆豉《とうし》とする。奈良では布巾で汁を搾ってから物を煮るので「伊呂《いろ》」というが、搾りかすはパサパサして食べるにたえない。京都のものは汁を取らないからしっとりして味もよいと述べている。奈良元興寺の僧護命《ごみょう》がはじめてこの味噌をつくり、僧侶たちにおかずとして出したので、護命味噌ともいうとある。

法論味噌売り

出典：『七十一番職人歌合』より。

『本朝食鑑』は、京都でつくった法論味噌を江戸へ送ってくるが、黒大豆を用い、味は佳く香りがあり、世間ではこれを賞すると述べている。本家奈良での製法は明らかでないが、俗に「飴」とよばれる大豆の煮汁を取った後の豆だとすると、そうおいしいものでもなかったと思う。

『多聞院日記』には、「クロミソ」という名の味噌の記録が一か所だけあるが、製法については記されていない。法論味噌はもともと奈良の発酵食品が江戸でも賞味されていた例だが、さらに後年の地誌『水の富貴寄』（一七七八）が挙げる京都名物にはもう見当たらず、この間に廃れてしまったらしい。

⑤粉味噌　『多聞院日記』には夏の参籠の際醤、瓜漬とともに僧侶に渡された記録が四回、醤と共につくった記録が一回ある。これも製法は不詳。「コミソ」とは「粉味噌《こみそ》」で、粉末化した乾燥味噌と考えられる。粉味噌に関しては後の『和漢三才図会』に、昔の製法だが、和州（大和）の賎民がその当時もつくっていた味噌であり、玉味噌、一名粉味噌（粉末醤）というものを挙げている。その製法は大豆のかわりにそら豆を煮て皮を取り、塩を混ぜ、麹をついて団子にし、乾燥させれば長持ちする、用いる時はすり鉢で摺って粉末にする。湿り気がなく水を混ぜて汁にする。耐久性に富み、日持ちするが味はよくないとしている。今のインスタント味噌のようなもので、参籠の際手軽に味噌汁がつくれるものだったのだろう。

納豆

納豆の製法に関しても日記の記述は少ないが、やはり『和漢三才図会』によると、僧家で酒の肴としてつくり方を重んじた。六月、大豆一斗を水一斗で煮て莚にひろげ、大麦（あるいは小麦でもよい）

一斗を炒って粉末にし、よく混ぜて麹を三日さらす。別に塩二升五合、水六升を混ぜて渣《おり》を取り、冷まして大豆と麦の麹に浸す。桶に盛り、重石でおさえ、四、五日してから除き、厚紙で密封して冬至前後に生姜、山椒、きくらげ、紫蘇などを浸して食べる。

①唐納豆　奈良の興福寺や東大寺、京都の浄福寺などに伝わる唐納豆とよばれる食品は、煮た黒大豆に炒った小麦を加え、暖かい所で麹をつくった。黒大豆を使用しよく搗くのが特徴である。『雍州府志』には、「色黒ク細密羊羹餅ノ如シ。或ハ木ノ葉ノ形ニ作ル」とある。

この唐納豆と納豆は別の食品で、明確に区別されている。京都の公卿山科家の日記には慶長年間まで唐納豆の記録がある。多聞院でつくっていた納豆には、串柿、素麺、うどんの保存法とともに梅雨時の防湿対策を記した日記の以下の箇所から、麹をつくり、塩を混ぜる食品らしいことが推定できる。

> ナツトウヲホシテ雨気ニシメラセヌ様、子《ね》タルナツトウニ塩ヲマズル時、能々《ようよう》塩ヲキリテアツキ所ヲナツトウニマゼテホシタレバ、アマケニモシメラセヌ也、明膳房説（『多聞院日記』永禄一一年五月二一日条）

製法は煮た大豆に塩を混ぜた後、天日に干すが、苦汁《にがり》を含み潮解性の強い当時の塩であるから、加える前にはよく炒るようにせよとの注意である。

こうした納豆は俗に「寺納豆」とよばれ、「大徳寺納豆」は現在も京都の大徳寺や田辺の一休寺などでつくられている。見た目は黒くあまり食欲をそそらないが、食べてみると意外においしいので、酒の肴から御飯、粥、和菓子では煎餅、はてはチーズケーキにまで広く用いられている。

②浜名納豆（浜納豆）　『多聞院日記』には出てこないが、これも寺納豆の一族である。遠州の大福寺、摩迦耶寺の僧侶がよくつくり、製法は秘伝として伝えられた。公卿山科言継《ときつぐ》は駿府滞在中の弘治三年（一五五七）、浜名納豆の製法を教えてもらい、日記中に書きとめているので紹介しよう。

> 次方丈へ罷向、浜納豆の調味習之、如此、一両分別あるべし
> 大豆一両煎て、小麦の粉半両よくまぜて、板《口伝》にひろげて榎の葉を覆て、露の後取て、黄花の付く程七日計過て、其後よく〳〵はして、水一両に塩三分一を入て、よく〳〵煎してよくさまして、先紫蘇山椒の皮、各三分一、茴香《ういきょう》、生姜各少、前の塩水に四種をよくねり合て、後に大豆を合て桶に入、蓋の上《口伝》にをもし置て、三日計ありて又よくかき合て、二七日計有て、しるをしたみて日《口伝》にほすべし（『言継卿記』弘治三年二月二七日条）

浜名納豆の製法は寛永二〇年（一六四三）刊の『料理物語』も詳しく述べているが、基本的にはこれとほぼ同じで、大豆と小麦で麹をつくり、塩水を加え、さらに山椒、生姜、紫蘇を入れる。遠州名物だったらしく、山科言経も徳川秀忠の家臣が上洛した折に浜名納豆を贈られている。

③糸引大豆　まぎらわしいが、こちらが今の「納豆」である。糸引大豆は、山科家の公卿教言の

『教言卿記』応永一二年（一四〇五）一二月一九条に早くも出てくるが、回数は唐納豆に比べればはるかに少ない。また『和漢三才図会』では、糸を引く粘り気ある納豆を「味醤《みそ》大豆」とよんでいる。こうなると納豆と味噌の区別はむずかしい。

多聞院では毎年春の五月頃に醤や味噌の仕込みをはじめている。この時期は小麦が収穫され、また酒の上槽もおわり酒粕が取れるころでもある。醤は汁気が少なくおかずに用い、唐味噌は大麦、小麦を原料にした汁気の多い調味料で、こちらが煮物用らしい。製法、原料配合比は江戸時代の醤油に近く、熟成期間も長い調味料である。このように酒以外の発酵食品についても、江戸時代元禄期より百数十年前の戦国時代末期にはその原型はほぼ出来上がっていたと考えられる。

この時代の発酵食品については従来不明な点が多かったが、『多聞院日記』に残された製造データを詳しく検討することで、かなりはっきりした姿が見えてきて、室町時代末期と江戸時代の隙間をうめることができると思われる。

しかし以上はあくまで奈良興福寺の塔頭多聞院における大豆発酵食品づくりに当てはまるのであって、当時の日本全土にまで拡大したり、あるいはアジアの照葉樹林文化論を根拠に中国雲南省の発酵食品にさかのぼってその原形を求めることには慎重であるべきだろう。

第四章　江戸時代の醤油

料理書にみる醤油

『料理物語』

『群書類従』に収められている『料理物語』（一六四三）の刊行時期は、前章で引用した『多聞院日記』と江戸時代元禄期の『本朝食鑑』の中間あたりに位置している。最初の日常料理書といわれ、現代語訳も出版されている。著者名は明らかではないが、寛永二〇年（一六四三）に武州狭山において書かれたものである。最後に、

右料理の一巻は包丁きりかたの式法によらず。唯人々作次第の物なれば、さしてさだまりたる事はなく候へども、先いにしへより聞つたへし事。けふまで人の物がたりをとむるにより料理物語

と名付侍る歟。(1)

とあるように、室町時代の料理書が料理庖丁式の秘伝、口伝を伝えるものであったのに対して、日常料理のつくり方を紹介した点が特徴である。醬油は刺身、膾、煮物などに用いられている。最後の第二〇部「万聞書《よろずききがき》」に、「正木醬油」と「仙石流」の二種の醬油と、ひしおは「正木ひしお」が登場する。著者がさまざまな人に料理のつくり方を聞き書きした本で、当時どこでこうした醬油、ひしおをつくっていたのかも「正木」「仙石」の名前の由来も明らかではない。

①正木醬油　大麦一斗を臼で搗き、炒って挽き割る。大豆一斗を味噌のように煮る。小麦三升も臼にて挽き割る。大豆を煮て麦の粉に合わせ粉を上へふり、板の上に置き、にわとこの葉を蓋にして寝かせたら、塩八升水二斗を入れてつくる。同じく二番には塩四升、水一斗、麴四升を入れ、三〇日おいて上槽する(表を参照)。

ここで小麦ではなく大麦が主体であるが、製麴までの日数は不明である。また、にわとこの葉は、コウジカビの増殖を促すためか。二番醬油を取るのは、先の唐味噌や次の『本朝食鑑』と同じである。原料配合比もほぼ近いが、熟成期間は短い。

②仙石流醬油　大豆一斗、大麦一斗、水一斗一升、塩四升、麴三升をいずれもかき合わせ、麦の粉をかき合わせ、上にもふり、寝かせ、右の水でつくり入れる(水と混ぜあわせる)。

早づくりのためか、じっくりコウジカビを生やすのではなく、最初から麴を用意しておいて加える

『料理物語』の醤油

	正木醤油		正木醤油二番		仙石流醤油	
原料	使用量	%（v/v）	使用量	%（v/v）	使用量	%（v/v）
大豆	1斗	19.61	—	—	1斗	26.32
麦	大麦1斗，小麦3升	25.49	麹4升	22.22	大麦1斗，麹3升	26.32，7.89
塩	8升	15.69	4升	22.22	4升	10.53
水	2斗	39.22	1斗	55.56	1斗1升	28.95
合計	5斗1升	100.01	1斗8升	100.00	3斗8升	100.01

出典：平野雅章訳『料理物語』教育社（1988），193–194頁。

点が、ふつうとちがっている。麦は大麦だけで、蒸すのか炒るのかはわからない。

③正木ひしお　精白した大麦一升を一夜水に漬け、さわさわと煮て笊籬《いかき》（ざるのこと）に上げて蒸す。大豆八合、虫食いなどを選り分け、水で洗って干し、よい具合に炒って細かくさらさらと挽き割り、皮を取る。

この大麦と大豆を混ぜ、やわらかく蒸して厚さ五分（一・五センチ）ほどにむらなく拡げ、上下にうどんの粉を二合五勺ふりかけて寝かせる。花（コウジカビの胞子）がよくついた頃、ざっともみ砕き、少し日に干し、花の散らないようにして紙袋に入れておく。用いる時には五日前（冬は一〇日か一五日前）に麹四合、塩二合五勺、水一升をくらくらと沸騰させてからよく冷まし、桶か壺に入れておき、日当たりに置いて一日に五、六度もかき混ぜ、色のつくまで外に置いておく。ただし五升つくる時は、塩を三合入れればよい。

こちらは麹の段階で止めておき、使用する数日前に麹、水、塩を加えてつくる簡便な醤である。大豆はまず炒って砕き、皮を取るだけでなく、大麦と混ぜた段階でさらに念入りに両者を蒸す。醤であるから、水は醬油よりやや少なめである。

正木ひしおと仙石流醬油は簡易な速醸法の一種であるが、正木醬油の方はどうだろう。熟成期間は不明であるが、元禄期以降の醬油と比較しても、味にはかなり高い評価が与えられるのではないだろうか。本のとおりに実際に再現実験を行ない、アミノ酸組成、香気成分を現代醬油と比較してみたいものである。

前述のように『料理物語』には「正木ひしお」「正木醬油」の製法が紹介されているが、肝心の醬油を使った料理は一つしか書かれていない。この時代に醬油はまだそれほど普及していなかったと考えるべきだろうか。

さて『料理物語』第八「生垂れ、だし煎り酒の部」では、調味発酵食品として以下のものが挙げられている。

・垂れ味噌　中世以来の調味料である垂れ味噌とは、味噌一升に水三升五合を加えて煎じ、三升ほどになったら、袋に入れて垂らしてつくる。
・生垂れ　これは垂れ味噌よりも簡単につくった調味料である。味噌一升に水三升を入れてもみて、袋に入れて垂らす。垂れ味噌と生垂れは、醬油が普及する以前は広く用いられていた。味噌ベースではまだ旨味に乏しいためだろう、次の煮貫きではさらに鰹を加える。
・煮貫《にぬ》き　生垂れに鰹を入れて、煎じ、漉した調味料を指す。最近復元され、江戸東京博物館の売店でも販売されている。

・だし　鰹のよい部分をかいて、鰹一升なら水一升五合を入れて煎じ、味をみて甘味がほどよい頃に引き上げる。
・煎り酒　鰹一升に梅干しを一五—二〇個ほど入れ、古酒二升に水と溜まりを少し入れ、一升ほどに煎じ、漉してさます。すまし汁に溜りを少しさすことを「かげを落とす」と表現している。「煎り酒」も復元、市販されている。結局、味噌をベースにした調味料の味には物足りない点があるので、昆布、鰹、酒などを加えて旨味の種類をさらに豊かにしたと考えることができよう。
各種の料理を見ることにしよう。まず汁の部については、
・鱸《すずき》の汁　昆布出しのすまし。薄味噌仕立て。
・たぬき汁　味噌汁仕立て。獣肉の臭みを取るためであろう。
・集め汁　中味噌に出しを加えるとよい。
煮物については、「鯛の駿河煮」、たこの「桜煎り」、その他「煮あえ」「煎り鳥」などは、だしと味噌の溜りでつくる「だし溜り」を使用している。「鍋焼き」には味噌汁が使用されている。

『料理物語』の中で醤油が使用されている料理は、「鮒《ふな》なます」だけである。鮒をまず三枚におろし、骨と頭に醤油をつけてよく焼き、細かくたたく。身はうすくつくり、からし酢または蓼《たで》酢で和えるとある。

江原恵によると、『料理物語』には、だし、煎り酒、どぶ（酒粕をどろどろに摺って煮返して漉したもの）、集め汁（味噌汁でもすまし汁でもよい）などに生の中世以来の料理法が残っているのが特色だと

いう。(2) 室町時代の記録には集め汁がよく登場するし、淡水魚を扱う場合、さしみより膾の方が多い。まだ後の時代のようなわさび醤油ではない。もう少し時代が下った『料理網目調味抄』(一七三〇)になると、醤油を用いた料理として、魚のつけ焼、浜焼、焼き鳥、煮物などが登場する。醤油が高価だった江戸時代の初期には、まだ広く使われることはなかったようである。やがて醤油と味醂のたれが広まったのは、照り焼き、うなぎの蒲焼など、「照り」がよく「こく」のある味付けが江戸っ子に好まれたからであろう。

『本朝食鑑』

食の百科全書ともいうべき人見必大著『本朝食鑑』(一六九七)が刊行された頃には、醤油はかなり普及していたから、同書の製法はくわしい。源順の『倭名類聚抄《わみょうるいじゅしょう》』(九三七)の頃は「つくりみづ」とよんでいたが、ここでは中華の名に拠って「醤油」とよぶ、とある。「醤油」の語はやはり中国に由来するものらしい。製法は以下の通りである。(3)

> 醤油は近世家々で造っている。その製造法は、大抵好い大豆一斗を水に浸してすすぎ、煮熟《よくに》、別に大麦の舂白《つきしらげ》たもの一斗を香しく炒り、礱《いしうす》で磨《くだ》き、羅《ふるい》にかけて粉にする。先ずこの滓《かす》を煮熟《よくに》た豆に混合して拌匀《かきととの》え、次いで粉を上面に抹《まぶ》し、蓆《むしろ》の上に攤《ひろ》げ、これを罨《おお》って黄衣《きかび》を作り、麹のときと同じように曝乾《さらしほ》しておく。塩一斗と水一斗五・六升を攪《かき》合わせ、慢火《とろび》で煎じ数十沸させて

から桶にあけ、冷えるのを候《ま》って、前の豆と麦の麹に加えて拌匀《かきととの》え、大桶に収め貯え、次の日から毎日三・五回竿で攪拌する。この竿は桶の浅深に随って長短があり、頭には木片を釘づけし、ちょうど枴杖《つえ》か倒《さかさま》になったような形である。七十五日経つと、中間に簀《すのこ》を建てるが、この簀は編竹である。編竹を蓆のように捲いて圏《かこい》をつくり、中は空《から》にし、上下は洞虚《ほら》にして、ちょうど竹夫人《ちくふじん》（だきかご）のような形を作る。簀を建てると、醤油は簀内に透漏してくる。簀にいっぱいになると、油を汲み取る。これを一番醤油という。簀内に油の透漏が尽きるのを候《ま》って簀を取り去る。また、渣《おり》を聚《あつ》め、別に塩一斗と水一斗四・五升を煮熟《よくに》て、冷えるのを待って、麹四・五升を入れ、初めの渣の中にまぜ合わせ、拌匀《かきととの》えて、次の日より復《また》竿で攪《か》きまわす。三・四十日余を経ると熟する。これに簀を建て、油を汲み取ることは前と同じくする。これを二番醤油という。簀の中に油の尽きるのを候《ま》って簀を取り去り、渣《おり》を取る。渣もやはり食べられる。あるいは渣の中に蘿蔔《だいこん》・茄瓜《なうり》・椒《さんしょう》・薑《しょうが》の類を漬けるのも佳いものである。凡そ醤油を造る法は、家々競い造り、美を誇っているが、惟《ただ》、煮豆の粘汁《ねばしる》を取らないのと、麹が好美で多量なのとを勝れたものとしている。

この当時の醤油はまだ自家製が多かったが、①小麦ではなく、大麦を炒って使用すること。②布袋にもろみを入れて搾るのではなく、竹製の簀を沈めて液体を汲み取ること。③さらに塩と麹を加え、二番醤油を取ることが主な特徴であった。

「付録」では「ひしお」についてもふれている。人見によると別に「唐醤」というものがあったようだが、それはもはや明らかでないという。醤とは醤油の油（水、液体を指す）のないもので、醤油の渣《おり》と製造法がほぼ同じである。すなわち、夏の土用によい小麦一斗を精白したものを水ですすぎ、蒸籠で蒸して飯にする。大豆三升五合を軽く炒り、摺って粉末にし、篩にかけて極粉を取る。滓はあつめて再びすって細粉にし、これを滓がなくなるまで数回くり返す。できた豆粉を先の蒸した麦飯にまぶし、土窖《あなぐら》の中に入れて麴をつくり、黄衣《きかび》を生じさせて取り出し、二、三日晒し乾す。別に水八升、白塩二升半をまぜあわせたのを一、二沸ぐらぐら煎《に》立たせ、冷えるのを待って、ここへ前の合麴《あわせこうじ》を浸し、竹竿で桶をかき廻して、七〇日余にしてでき上がるという。

ふつうなら炒る小麦を飯に炊き、煮る大豆を炒って粉にする点が逆になっている。

『和漢三才図会』と『本草綱目』

『和漢三才図会《わかんさんさいずえ》』（一七一二）は、大坂の医師寺島良安が編纂した日本最初の百科事典ともいうべき本である。発酵食品類は巻第一〇五「造醸類」に収められ、「大豆豉《だいずし》」「納豆」「未醤《みそ》」「醤油」「酢」の順で記されている。[4]

かつて「豆豉《とうし》」という食物があった。この豆豉には「淡豉《たんし》」と「鹹豉《かんし》」の二種があって、いずれも大豆を煮、莚に拡げてコウジカビを着生させ、鹹豉は塩、橘、山椒、紫蘇、ういきょうを加えた。鹹豉を搾った液を豉汁という。寺島良安は、今は豆豉のかわりに味噌を、豉汁のかわりに醤油を用いるようになったと述べ、むかしは鹹豉の類を「納豆」とよんだと説明する。煮た大豆にコウジカビを着生させてタンパク質の分解を行なわせる、最初期の大豆発酵食品といえよう。

醤《ひしお》は、味噌にも醤油にも入れられており、そもそも納豆、醤、味噌という言葉の定義自体がはっきりしない。

タンパク質を分解して呈味性アミノ酸をつくる方法の進化という観点から整理すると、最初は大豆を炒ったり、煮たりした後、汁を取っていた（色利や法論味噌など）が、これでは味の点で劣るので、次に大豆タンパク質を分解する酵素（プロテアーゼ）を含むコウジカビ、塩を加えた発酵食品（鹹豉や昔の納豆、金山寺味噌）へと進化し、さらに麦が加えられたのだろう（醤、味噌）。

当初は大麦だった麦もタンパク質分解物の呈味性がよいことから、次第に小麦へとかわった。「醤」はおかずのなめものとして用いられたが、水分をより多くして発酵させてから圧搾し、醤油が生まれた。醤油についてはもう一つ、味噌から出てくる汁を集めたとする説もある。「大徳寺納豆」「浜名納豆」「金山寺味噌」など、この過程でできた発酵食品が現在も一部残っているものと考えられる。

ただ『和漢三才図会』の著者寺島良安は実際の現場を見ずに文章を書くことが多かったという。この「造醸類」の項でも、淡豉、鹹豉、豉汁に関する記述は、明の李時珍著『本草綱目』（一五九〇）をそのまま引用しており、原料の種類、量、仕込み季節などすべて同じで計量単位だけが異なる。麦醤も麦粉を生のままで使用する中国式製法である。したがってさまざまな大豆発酵食品が日本でどのように進化、分化したかは、必ずしも『和漢三才図会』の伝えるとおりとはいえないのである。

醬油の技術資料がまだ十分に発掘されていないことは残念である。仕込み記録についても、たまに出てくる資料を拾い上げているような段階である。時代ごとの製法の変化を研究するためには、江戸時代中期以降の醬油屋、味噌屋の仕込み記録をできるだけ集め、工程を精査していくという地道な努力が必要になるだろう。

江戸時代末頃の風俗に関する資料として、喜田川守貞の『守貞謾稿』(一八五三)から醬油に関係する部分を拾い上げてみたい。この頃には醬油もかなり普及し、同書に出てくる食物では「心太《こころぶと》」と「うなぎの蒲焼」に醬油が使用されている(口絵1)。「心太」はところてんのことで夏に売られていた。京都、大坂では心太を晒したものを「水飩《すいとん》」と名付け、買ってから砂糖をかけて食べる。江戸では晒したものは「寒天」といい、砂糖や醬油をかけて食べる。京坂では醬油を用いない。ところてんに醬油をかけず黒蜜味なのは、関西では今も続いている食習慣である。幕末に薩摩から黒砂糖が大坂市場に入り、それ以降関西では黒蜜をかける習慣が続いているというのが一つの説である。

ところてんを寒中に晒してつくる寒天は、凍結乾燥食品ともよぶべきもので、食感がところてんとは少し異なってくる。長期間の保存にも耐える。一方水飩は、現在は小麦粉の団子を湯に落としてつくる料理を指す。

醤油の産地

醤油や醤油を原料にした多種多様な調味料が市販されている現代に比べると、江戸時代はおおむね「溜り醤油」「濃口醤油」「淡口醤油」の三種しかなかった。醤油の原型は溜り醤油との説があるが、これが濃口醤油へとかわった理由は、溜り醤油をつくって販売するまでに三年もの時間を要するので、需要に生産が追いつかなくなったためといわれる。

濃口醤油は、江戸時代の初期寛永年間に関東地方において考案されたものであろう。関西で広く用いられた淡口醤油も、ほぼ同じ頃に登場したようである。食塩濃度はむしろ濃口よりも高いが、白身の魚や野菜などの彩りを残し、関西の調理法の持ち味を生かすことができる。

さて、たびたび研究書で引用される『明治七年府県物産表』によると、同年の醤油生産量は全国で九五万六七三石あり、そのうち関東が二七万八四九四石、関西は一八万二八八四石となっており、関東は最大の醤油生産地であった。(5) この時期関東の醤油産地が全国生産量の約三割、近畿地方が約二割を占め、残りは全国に広く分布していた。

これを国内最大の工業だった日本酒醸造と比較してみると、同年酒の生産量は約三二〇万石もあり、醤油をはるかにしのいでいる。なかでも灘五郷をかかえる兵庫県は全国の七・二%を占め、酒の世界は「西高東低」型であった。この傾向は今日まで続いている。関西から海上輸送される「下り酒」が歓迎され、江戸とその近辺でつくられる酒は「地廻り酒」などと蔑まれ評価は低かった。ただし小規模な造り酒屋は、全国津々浦々に分布していた。

醤油の世界も、江戸時代中期の享保年間頃までは、関西からの「下り醤油」が優勢だった。しかし一八世紀半ば以降になると、関東にも野田や銚子などの産地が発展してきて、やがて関東産が下り醤油を圧倒するまでになった。それ以外の地域では地元産の醤油が用いられた。

醤油と酒づくりは、全国に広く分布している国内向けの産業であり、大産地といっても「一極集中型」というほどではない。またいずれもコウジカビを使用する、木桶や麴蓋など道具類がほぼ同じであるなど、共通点も多い。地方では酒屋が醤油屋を兼ねる業務形態も多かった。以下全国の主な産地別にその発展の道筋をたどってみよう。

関西醤油

京都

貞享三年(一六八六)に京都在住の医師黒川道祐が著わした『雍州府志《ようしゅうふし》』は、同時期に刊行された他の地誌と比較しても格段にすぐれた内容を誇り、黒川は自ら洛中洛外の社寺を訪ね、正確な記述を心がけた。醤油については「造醸の部」に、茶、酒などとならんで以下の記述がある。

倭俗に、豉汁を醤油といふ。その製法、大豆を煮《に》、大麦を熬る。各〻その量《りやう》あり。両種共にこれを合《がつ》して麴とし、その熟するに及びて、すなはち大なる桶に盛り、水を合し、塩を加ふ。これもまた、その量あり。しかる後に、毎日両三度、械をもつてこれを滚合す。械は、竿頭に小片木を横たふ。そのこれを滚ずること、櫓械をもつて舟を操るに似たり。故に、械といふ。倭俗に、櫨棹を械といふ。また、これを滚ずる、搔《か》くといふ。およそ、七十日余に及びて、その糟を布嚢に盛り、石をその上に置きて、その滴汁を搾り取る。これをもつて諸物を煮て、これを食ふ。また、未醤の汁を取るものあり。これをたまりといふ。醤油に比ぶるときは、味ひ、また、甜し。二物共に、泉州堺の酒家に、多くこれを造る。世に、堺《さかひ》醤油と称して、名産とす。しかれども、今の如きは、すなはち、京師の酒店、多くはこれを造る。また、人家にこれを製す。堺の醤油、京師にありといへども、これを用ゆるには及ばず(6)。

要点をまとめると、次のようになる。

・「豉汁《しじゆう》」、つまり大豆発酵食品「豉」の汁を「醤油」とよんでいる。この時代はすでに醤油が普及しているが、まだ「豉汁」という語が残っている。

・麦は後年のように小麦を使わず、大麦を使用している。諸味はすでに簀《す》ではなく布嚢に入れ、重石をのせて搾り、澄んだ汁を取っている。

・味噌の汁を「多磨利《たまり》」といい、これは醤油に比べて甘い。

・「多磨利《たまり》」からつくる製法もある。多磨利の生産者は多くは堺の酒屋で、「堺醬油」として名産だったが、多くの京都の酒屋もこれにつづいたので、堺醬油を使う必要性がなくなった。

同書が刊行された一七世紀末の時点では、醬油の製法はまだ確立されておらず、味噌溜り（多磨利）からつくる製法も併存していたようだ。京都は昔から酒、醬油の先進地であったから、醬油はおそらく京都、あるいはその近郊で誕生したと思われる。

京都では造り酒屋同様、狭い市街地に多くの小さな醬油屋があった。京都奉行所は製造業者を公認し、京都市中とその周辺部に限定しようとした。宝暦五年（一七五五）には、市内を上、中、下の三組に分けた「造醬油仲間」が成立し、それぞれ上組に五九軒、中組に四六軒、下組に六四軒の合計で一六九軒の造り醬油屋があった。その後、京都市場には備前醬油が、一八世紀半ばを過ぎると播州龍野の醬油が進出してきたが、既得権を守ろうとする地元側と、あらたに参入しようとする他国の業者との間で激しい争いが繰り広げられた。

宝暦一一年には従来の「地造醬油仲間」の他、備前醬油を中心とした「他国醬油荷揚問屋」が認められ、さらに安永九年（一七八〇）には「他国醬油売問屋二十一軒」が成立し、他国産との競争が激化した。しかし市街地の大半を焼き尽した天明八年（一七八八）の大火を経て、播州産の出荷量は増加し、一九世紀の文化年間になると地元の業者のうちで休業するものが続出した。ついに地元の醬油屋が激しい競争に敗れたのである。(7)

江戸出身の石川明徳著『京都土産』（一八六四）にかかると、幕末の京都醬油の評価はさんざんである。

醬油は多く地元製で、色薄く、味悪く、備前ならびに播州竜野より出るものをよしとするが、なかなか関東の下等の品にも及ばない。それゆえ調理店で鮮魚、新しいおかずなどをつくると味がよくないのは、調理が下手なだけではない。醬油が悪いためであろう。(8)

醬油の発祥地京都を辛辣にこき下ろした印象を受けるが、一つには関東人の石川が薄味の京料理になじめなかったこともあるだろう。

酒屋同様、京都の造醬油屋はその後も減り続け、現在市内では、文化年間創業の松野醬油をはじめ、わずか数軒が残るだけである。

湯浅（和歌山県）

関西でも古くからの醬油産地である湯浅は、和歌山市の南約四〇キロに位置するひなびた町である。現在でもいくつかの醬油屋、麴屋が残り、醬油資料館もある、いわば「発酵の町」といえる。

湯浅醬油については、鎌倉時代の禅僧覚心《かくしん》の関与を指摘する文献が多い。中国（当時の王朝は宋）に渡り、杭州の径山寺（金山寺）で修業した覚心がその金山寺味噌の製法を伝えたのが湯浅醬油の起源であるとする。いまもつくられている金山寺味噌は、いわゆる「嘗め味噌」の一種で、刻んだ野菜類を漬け込み、粥や飯にのせ、おかずとして食べる。野菜やタンパク質に乏しい禅寺の食生活では貴重だった。金山寺味噌から浸み出てくる「溜り」を集め、改良して醬油にしたといわれるが、これを裏付ける資料はない。

湯浅は関西から江戸へ向かう航路の途中にある便利な場所に位置し、同地の醬油も「下り醬油」として江戸へ積み出されたといわれるが、江戸市場への出荷に関する資料は多くない。

湯浅醬油は北の大坂へも積み出されたが、備前児島、播州龍野、讃岐小豆島など有力産地がそろい、地元大坂産も豊かな市場では、次第におされ気味になっていった。

明治以降の湯浅醬油業の歩みをふり返ると、明治四年（一八七一）には一七軒で八〇〇〇石余を生産していたが、生産者の多くは二〇〇—四〇〇石程度で、一〇〇〇石以上は二軒にすぎない。明治三三年（一九〇〇）には四六軒で一万一五四三石にまで増加しているが、大半は二〇〇石未満の零細業者であった。湯浅の最大手加納家の出荷先をみると、明治二三年には九割以上が大阪だったが、年を経るごとに大阪向けの比率は低下していき、逆に地元和歌山向けの比率が上昇している。(9)

生産量があまりのびず、小規模業者が多かった湯浅に中堅の株式会社となった湯浅醬油株式会社が登場するのは、大正期も末になってからであった。

龍野（兵庫県）

播磨の小京都ともよばれる兵庫県龍野市（現・たつの市）は、香川県小豆島とならんで関西の醬油主生産地として発展してきた。龍野の歴史は古く、室町時代の文明年間（一四六九―八六）に、西播磨の赤松氏が揖保川《いぼがわ》に面した鶏籠山上に朝霧城を築いたのがそのはじまりである。城はやがて居住に便利な山麓へと移され、以後城主も本田氏、京極氏とかわったが、寛文一二年（一六七二）信州飯田から脇坂安政が入り、明治維新まで脇坂氏が藩主として治め続けた。人口は三〇〇〇人余、五万三〇〇〇石の城下町だった。

龍野の醤油醸造業は、戦国時代末期の天正一五年（一五八七）に、もっとも古い醤油屋である円尾屋の孫右衛門によりはじめられたと伝えられる。江戸時代の寛文年間（一六六一―七二）以降は、淡口醤油を特色として現在に至っている。

肥沃な播州平野の良質な大豆と麦、軟水である揖保川の伏流水、瀬戸内海沿岸に産する赤穂の塩など、醤油づくりの環境に恵まれていることに加え、河口の網干に至る揖保川の水運、大消費地である京都、大坂に近い地の利、醤油醸造業を保護する藩の政策も、その発展を後押しした。

龍野の醤油醸造業者は、一八世紀前半の享保年間から京都、大坂、江戸のいわゆる三都に向けて醤油を積み出していた。京都向けの「上積醤油屋」、その他地方向けの「他所売醤油屋」、地元向けの「地売醤油屋」があって、なかでも上積醤油屋は規模も大きかった。

前述のように、京都には一八世紀半ば頃から播州龍野、備前児島など他国産の醤油が進出して、京都産は圧迫されるようになっていたため、醤油の価格と数量をめぐって、たびたび地元業者との間で紛争が生じた。他国産は京都産より低価格であるためもともと有利だったが、市街地の大半を焼き尽くした「天明大火」（天明八年・一七八八）以降は、いっそう入荷量がふえた。一九世紀はじめの文化一三年（一八一六）に他国産醬油は、大樽で年間七万五〇〇〇樽にも達し、うち約二万七〇〇〇樽を龍野産が占め第一位だった。龍野の醬油屋の中でも、円尾屋、鉄屋、壺屋などは、それぞれ年間五〇〇〇樽以上を京都に送っている(10)。

近世後期に入って財政が逼迫した龍野藩は、事態の打開をはかるため、塩、藍玉、木綿、菜種など領内生産物を必ず使うよう命じるなどの政策を進めた。文政一二年（一八二九）に藩内網干産の塩を使用することを龍野の醬油屋に強制したが、赤穂産に比べ品質が劣ると醬油屋たちは強く抵抗し、この試みは間もなく中止になった。

小豆島（香川県）

小豆島は瀬戸内海で淡路島に次ぐ大きな島である。海からの風がよく吹き、気候は温暖少雨であり、醬油の醸造に適している。古来製塩が盛んであったが、交通の要衝であり、原料になる小麦や大豆も集めやすかった。また大坂、神戸など、関西の大市場へ船で製品を輸送するにも好都合だった。

小豆島における醬油づくりは、文禄年間の大坂築城工事の頃からはじまり、もともと紀州湯浅の技術によるものといわれる。醸造しはじめたのは江戸時代後期の寛政年間頃からで、文化文政期からは大坂市場へも出荷されていたが、零細な業者が多く、まだ農村工業的な規模だった。

小豆島の醬油醸造業者は、明治から昭和初期にかけては四〇〇軒、生産高は年間三万五〇〇〇石にも達したといわれるが、粗製乱造によって声価をいちじるしく低下させてしまった。現在では二一軒にまで減少している。

明治四〇年（一九〇七）、木下忠次郎らは、「丸金醬油株式会社」を設立、醬油の品質向上を目指した。従来小豆島の醬油は「番醬油」の比率がきわめて高かったのに対して、同社の製品は「生醬油」の比率を五割近くにまで高めた。また、はじめての試みとして諸味に酵母を添加している。

明治時代に入って産地間の競争が激化すると、さらなる品質向上を目的として、明治三八年（一九〇五）に小豆島に醬油試験場が設立された。初代の場長には木下忠次郎が就任した。さらに醬油業界としてきわめて先進的な試みであったが、埼玉県熊谷市の酒造家の末子で東京帝国大学工科大学応用化学科を卒業した清水十二郎（一八八〇―一九六二）を技師長に招いた。この試験場は当初は醬油同業組合のものであったが、その後郡立から県立へと移管され、香川県工業試験場となった。清水が亜硫酸ガスによる燻蒸でそれまで悩みの種だった室蠅《むろばえ》の駆除に成功した結果、小豆島醬油の評価は大いに高まった。昔の醬油づくりはたしかに清潔な環境とはいえず、蠅はつきものだったという。

小豆島醬油の特徴は、現在でも木桶を使用する天然醸造蔵が多いことで、一説によれば島内に一〇〇〇本もの木桶があるという。木桶にはその蔵特有の菌が住みつき、独自の風味と香りを持たせることができる利点がある。しかし現在はほとんどの産地で金属製発酵タンクに切りかえられている。昔ながらの竹製箍《たが》や釘などの腐食しにくい材料を使用して桶を組み立てられる職人がもうほとんどいなくなってしまったからである。しかし一部の醬油蔵では、木桶つくりの技術を伝えようと、講習会を

開くなど努力している。(11)

大野（石川県）

加賀百万石の城下町金沢は、浅野川と犀川に挟まれた台地上にあり、江戸時代末期にはすでに人口八万人余を数える大都市であった。日本海に面した大野は、金石《かないわ》とならぶ金沢の外港であるが、ここも比較的大きな醤油産地だった。

金沢醤油の製法は、江戸時代初期の元和年間に直江屋伊兵衛の手で先進地紀州湯浅からもたらされたと伝えられる。廻船業による資本蓄積、北前船によって麦、大豆が入手しやすかったこと、能登の塩、豊富な労働力が確保できたこと、などが大野において醤油醸造業が発展した理由と考えられる。

どのような過程をたどったのか資料は乏しいが、一九世紀はじめの文化一〇年（一八一三）には二〇戸あまりの醸造業者があった。最盛期を迎えた幕末弘化年間にはさらにふえて六〇余戸に達し、三万六〇〇〇石もの醤油が生産されていた。しかしその後嘉永年間に入ると、藩による価格抑制政策を受けて粗製濫造する業者のせいでいちじるしく評価が低下した。江戸時代は醤油も酒同様株仲間があったが、安政年間には株仲間が結成され、加賀藩の江戸藩邸において大野醤油が用いられている。

文久三年（一八六三）には大野町の九割を焼失する大火にあったが、次第に復興し、明治維新頃には醸造家の数は三〇軒余まで回復した。明治になっても醤油税の施行、廃業者の続出、粗製乱造による評価の下落など、その歩みは順調ではなかった。その後二〇世紀に入ってからは、廻船業者の醤油醸造業への転業が進み、また金沢周辺の鉄道網の整備、醤油税の廃止なども追い風となって醸造戸数、生産高ともに順調に回復した。大野醤油の販売先は主に地元金沢、能登地方、県外であった(12)。

二〇〇二年現在、二七もの醤油工場が操業しており、金沢近郊の観光名所として人気を集めている。北陸では甘口の醤油が好まれる傾向があり、大野醤油は甘味のあることが特徴である。

関東醤油

関東の二大産地として常に取り上げられるのは、いずれも千葉県の野田と銚子である。酒と醤油を比べると酒は今なお「西高東低型」であるのに対し、醤油は一八世紀半ば以降、「下り醤油」よりも関東醤油の評価が高まって、地位が逆転した。

その理由として、関東平野では良質な小麦、大豆ができたこと、巨大市場江戸への交通の便がよかったことなどが指摘できる。たしかに大きな理由であるが、それは酒についてもいえそうである。辛口の下り酒と田舎風の料理は江戸っ子に好まれ、濃い味の料理には濃口醤油が歓迎された。一方淡口醤油は、色がうすくて上品であり、淡泊な味付けの上方風料理には適しているが、関東人には水っぽくて物足りないと感じられたのだろう。

当初ほとんど関西からの「下り醤油」が独占していた江戸市場に野田や銚子産の関東醤油が供給されるようになったのは、一八世紀半ば頃の宝暦年間といわれる。関東醤油が力をつけてくるにつれ、

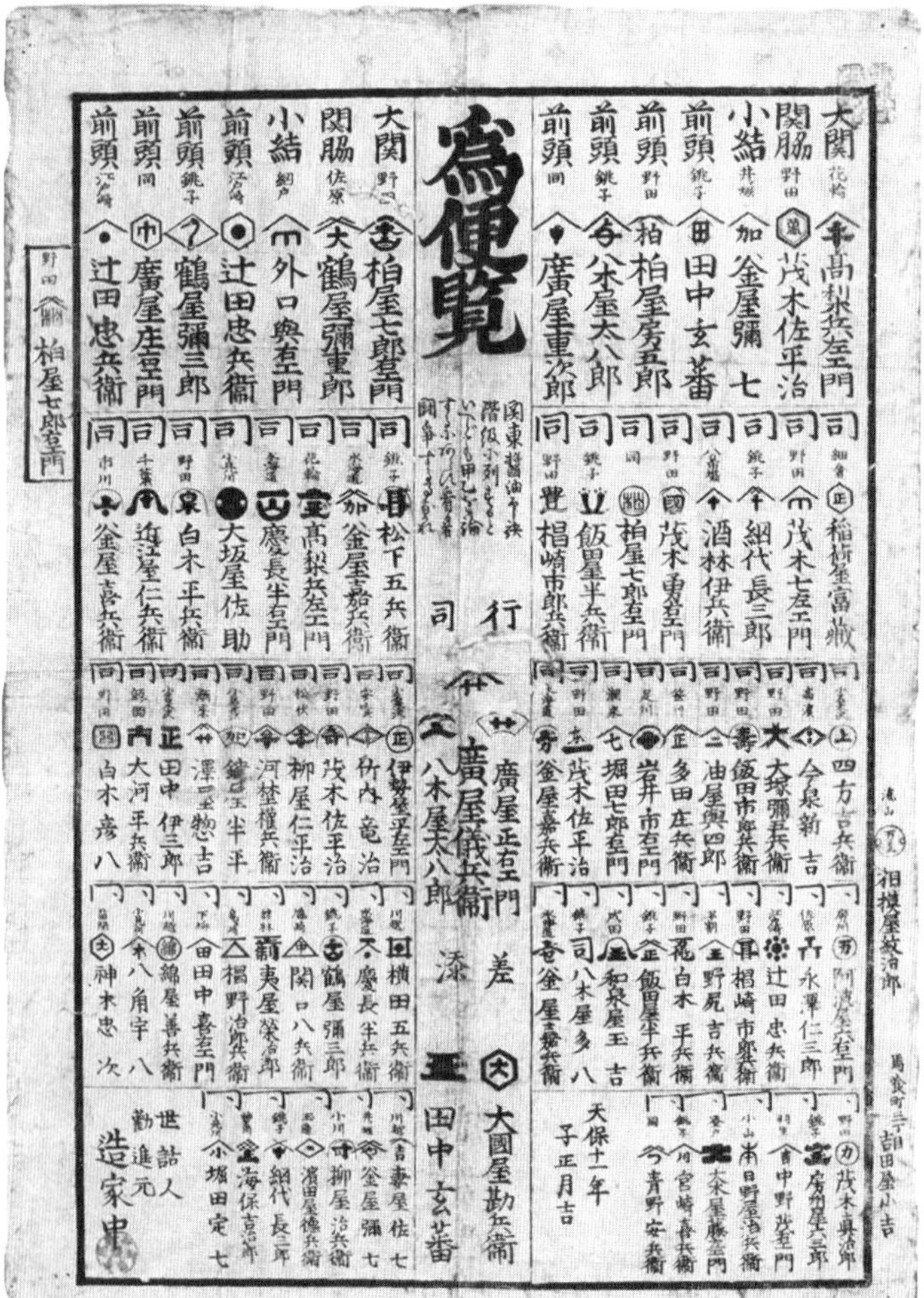

関東醤油番付（天保11年）。大関に高梨兵左衛門と柏屋七郎右衛門，関脇に茂木佐平治など，現野田市域の醸造家が10軒以上名を連ねる。野田市郷土博物館所蔵

生産高の調整、値崩れを防ぐため、関東でも「醬油仲間」が結成されるようになった。文政四年（一八二一）に結成された「関東八組醬油仲間」には銚子・成田・千葉・野田・川越・江戸崎・水海道・玉造の醬油業者が加わり、文政七年には江戸の醬油問屋に圧力をかけて関東醬油の値上げを実現させるなどの成果を挙げている。

また文政五年（一八二二）には、江戸市場に入った醬油一二五万樽の九八％を関東産醬油が占めるなど、関東醬油の声価は高まり、「関東醬油番付」においても野田や銚子産の醬油が上位を占めるようになった。

野田（千葉県）

伝承によると、戦国時代末期の永禄年間に野田の飯田市郎兵衛が醬から「豆油《たまり》」を取って清澄化する方法を見つけ、美味な調味料をつくることに成功した。それが甲斐の武田家に納められ、川中島合戦の折には軍の士気を大いに高めたので以後「川中島御用溜醬油」となった、あるいは一六世紀末の天正年間、野田に醸造場がつくられたともいう。現在飯田家旧宅には「野田醬油発祥の地」なる記念碑が立つ。もともと飯田家は京都上賀茂あたりの出身だったが、応仁の乱頃に戦乱を逃れて関東に移住したと伝えられる。

さて確実な文献資料によると、寛文元年（一六六一）、高梨兵左衛門が野田において醬油醸造を開始し、一〇年後に仕込み蔵を新築した。野田の二大醸造家は高梨家と茂木家であるが、寛文二年（一

六六二）には茂木七左衛門が味噌の醸造を始め、後に醤油屋に転向している。(13)

原料は小麦と大豆は地元産であったが、塩は西日本産の方が圧倒的に品質がよかった。文化年間の全国塩生産高約五〇〇万石のうち四五〇万石を「十州（長門・周防・安芸・備後・備中・備前・播磨・讃岐・阿波・伊予）塩」が占めていた。中でも播磨赤穂産の「赤穂塩」は最上品とされた。一方、行徳（現・千葉県）産など関東の塩はごくわずかにすぎなかった。

技術面では、天明年間に野田では醤油諸味を搾るのに「槓桿《こうかん》式圧搾機」が使用されており、これは諸味を木綿の袋に入れて石で重しをして搾る機械である。酒の醪を搾るのと同じ原理であることから、酒用の圧搾機がそのまま用いられたと思われる。

野田醤油の商標には、「キッコーマン」「キハク」「ジョウジュウ」などがあった。

銚子（千葉県）

銚子の醤油醸造業については、関西醤油の影響を受けたことがかなり明らかになっている。銚子ヤマサ醤油の先祖浜口儀兵衛は、紀州湯浅近くの広村の出身である。前述のように湯浅は早くから醤油の生産地として栄えており、儀兵衛はここで技術を学び、正保二年（一六四五）に銚子で創業したといわれる。現在のヤマサ醤油の前身である。(14)

同じく田中玄蕃（ヒゲタ醤油）も、摂津西宮の真宜九郎右衛門から醸造法を教わり、溜り醤油の醸造をはじめたと伝えられている。大地主であり同時に網元でもあった田中家には多数の使用人がおり、また調味料は自給自足であったと思われる。初代田中玄蕃の記した『田中玄蕃日記』が残されているが、「農業の余暇を以て溜醤油の醸造をはじめ」とあり、最初は溜り醤油であった可能性が高い。元禄一〇年に第五代の田中玄蕃が醤油の醸造法を改良したといわれる。この頃には銚子産も今のような濃口醤油になったと思われる。銚子では宝永七年（一七一〇）から江戸へ積み出しが行なわれていた。

ここまでは主に伝承をもとに述べてきた。酒造業もそうであるが、醤油醸造業も現在までずっと続いている業者は少なく、途中で廃業した業者の記録はほとんど廃棄されてしまっている。一方でいま大手企業となっている会社は、先祖の功績をたたえるあまり、誇張した社史をつくる傾向があるため、客観的事実はわからないことが多い。

さて紀州と銚子は昔からつながりが深く、有力な漁港である銚子には、紀州からの移住者が多かった。醸造技術も、初期の段階では関西の影響を受けた溜り醤油であったが、後に関東人の嗜好に合った濃口醤油に変わった可能性もある。

銚子では元禄年間以後醤油業を営む者がふえ、宝暦二年（一七五二）には、一二軒の業者によって「銚子醤油仲間」が結成されている。これは関東ではもっとも早いものであろう。天明元年（一七八一）に結成された「野田醤油仲間」より三〇年も早い。領主に冥加金を上納し、出荷樽数などを調べて報告している。宝暦三年（一七五三）、銚子の醤油仕込み高は一二軒の醤油屋で五〇七三石三斗、大きなところでは田中玄蕃が三〇七石五斗、広屋理右衛門が八八四石四斗、宮原屋太兵衛が九八三石五斗となっている。さらに安永九年（一七八〇）になると、醤油屋一八軒で醸造高は八九四九石までふえており、一八世紀後半には銚子の醬油醸造業は順調な発展をとげたことがうかがえる。

幕末慶応三年の田中玄蕃家の記録によれば、同家は農閑期に醬油づくりをし、年間醬油生産高は三〇〇〇石、原料の小麦、大豆をそれぞれ三〇〇〇石も持っていた。また、家族、職人、雇人を合わせておよそ八〇人もが働く、銚子一の醬油屋だった。

銚子醬油の商標には、「ヒゲタ」「ヤマサ」「ヤマジュウ」「ジガミサ」などがある。

土浦（茨城県）

茨城県土浦市は、かつては野田や銚子とならぶ関東三大醬油産地の一つであった。原料の大豆や小麦の産地に近く、利根川の水運を利用した輸送にも便利な条件を備えていた。土浦城が亀甲城《きっこう》とよばれ、城主も醬油醸造を奨励したことから、土浦醬油は「キッコー」を商標に用いた。

元禄年間からすでに醸造が行なわれており、宝暦一一年（一七六一）には「醬油仲間」が結成された。業者を制限して過当競争を排除し、造石高の統制、価格協定の締結、原料の共同購入、同業者の取り締まりなどを行なった。当初九軒だったが、慶応二年には一九軒にまでふえた。

土浦は江戸の武家向きで値段は高めだが、高品質の醬油をつくったという。しかし明治維新後は顧客が減り、次第に衰退していった。造石高は最盛期五〇〇〇石にまで達したが、現在では元禄期から続く「柴沼醸造」一軒になってしまった。同社には明治時代につくられた木桶が八〇本もあり、木桶の中で時間をかけて熟成させる商品などに力を入れている(15)。

醤油屋の看板

江戸や京都の醤油屋の看板は、江戸時代元禄期のものが、文献に残されている。大坂に生まれ育ち、京都の生活もよく知っていた喜田川守貞は、関西と江戸の風俗のちがいを『守貞謾稿』（一八五三）で明らかにしている。絵心があり、ユーモラスな彼の挿絵は、江戸庶民の生活ぶりを生き生きと伝えてくれる貴重な資料である。

さまざまな生活雑貨を振り分け荷物にして売り歩く物売りがいたが、食物については「醤油売」「塩売」「嘗物《なめもの》」（金山寺味噌など副食用の味噌類）がある。挿絵には売り手の姿はなく、容器と天秤棒だけで、「醤油売り、塩売、祖相似リ」と説明があるだけである。江戸市中において醤油容器の樽がリサイクルされていたことは、「樽買い」なる職業があったという同書の記事からもわかる。

醤油屋の看板

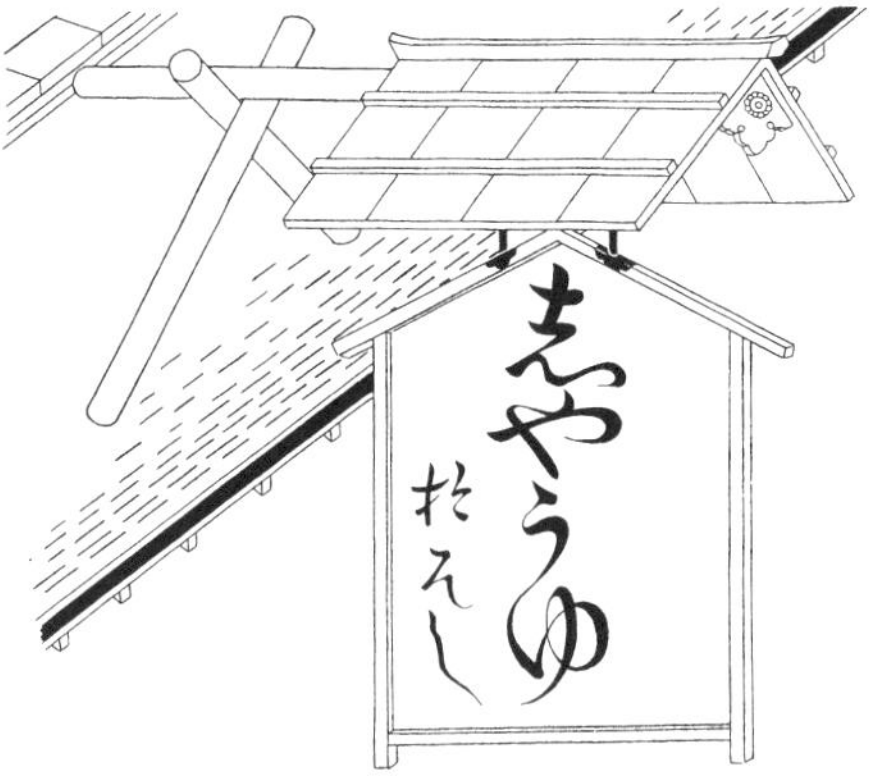

出典：三谷一馬『江戸看板図聚』中央公論新社，2016年，179頁。

酒樽等の空樽を専とす。故に樽買ひと云ふ。空笘櫃をもこれを買ふ。毎日枴と銭とを携へ出て、「たるはございく」と云ひ巡る。買ひ集めて明樽問屋に売る。問屋より醤油〔樽〕は製造の家に売り、酒樽・明櫃等はその便に応じてこれを売る。

濃い色がつく醤油樽は、それ以外の用途には使えなかったのだろう。

醤油職人

冬場は積雪のため農作業ができない地方では、江戸時代から「農間稼ぎ」と称して酒づくりに出る者が多かった。雪深い新潟県や岩手県には多くの杜氏を出した村があり、「越後杜氏」や「南部杜氏」は今も有名である。醤油についてはどうだろうか。銚子の醤油職人の場合、雪国からの出稼ぎではなく、定住していた者がほとんどだったという。

階級は上から順に杜氏（親方）、頭《かしら》、蔵働《くらばたらき》（平職人）があった。醤油蔵の「広敷」とよばれる施設で共に寝起きして仕事に精を出した。給料は半年ぎめの前払い制だったが、明治四二年頃の水準で杜氏、親方五五円、蔵人一五円あまりだったという。当時としても決して高給取りというわけではなく、最下級の蔵働きなどはかなり流動性があって、あちこちの醤油蔵を渡り歩く者が多かったという。これも大正以降は会社組織が次第に発展して、会社従業員となっていった。

昭和三年（一九二八）以降に会社となったヤマサ醬油株式会社の従業員に関する調査によると、銚子出身者で親子、兄弟など縁戚関係にある人の割合がたいへん高かった。醬油会社は安定した地元の職場として歓迎され、従業員の定着率もよかった。

醬油の輸送

銚子や野田で生産された醬油は樽詰めされ、河川を使って江戸市中へ輸送された。房総半島沖は海が荒れて海難事故も多かったため、川舟を使用する安全な経路が選択されたのである。大消費地江戸に近いことは、輸送に数十日を要する下り醬油よりもはるかに有利であり、また同じ関東でも野田は銚子よりも江戸に近かった。銚子と野田の品質競争は激化し、今にいたるまでよきライバルとなっている。

かつて江戸湾に注いでいた利根川は、その後河口が付け替えられて、銚子で太平洋に注ぐ。醬油は銚子から喫水の浅い高瀬舟を使用し、利根川を遡って関宿に至り、今度は江戸川を下って江戸へ輸送された。所要時間は一―二週間程度であった。高瀬舟には多い時で醬油を一二〇〇樽ほど積むことができた。醬油を入れる容器には五升樽、一斗樽、二斗樽、四斗樽の四種があり、大正年間に入ってガラス壜が登場するまでは、すべて樽が使用された。野田の場合は早ければ八時間程度で江戸に着くことができた。

醤油の輸送ルート

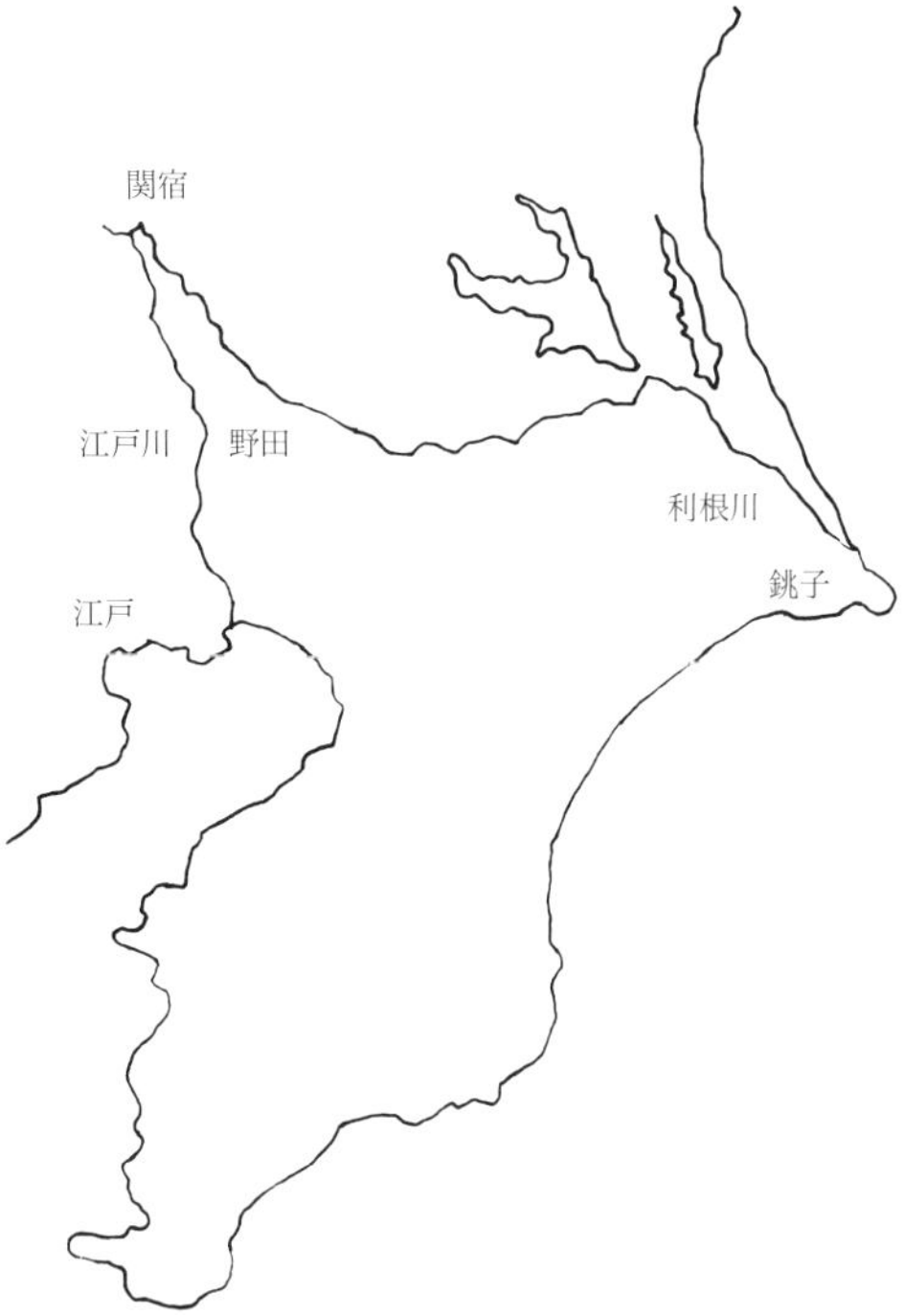

天保の大飢饉など飢饉のあった年には、醤油の生産、販売にも制限が加えられた。江戸向け醤油を減らして、地売り、つまり地元向け販売量をふやすなどの措置が取られている。

「下り醤油」の復元

古い文献資料をもとにして昔の発酵食品を復元する試みは、酒については『延喜式』の酒や、元禄の酒などですでにいくつかある。大豆発酵食品についても、かつて奈良興福寺の『多聞院日記』に出てくる「唐味噌」を復元して現代に生かしてみたいと、三重県のある醤油メーカーの技術担当者が筆者を訪ねてこられ、数か月後に試作品をいただいたことがあった。日記中に詳細に配合比率が記されているので、復元は比較的容易だったという。実際味わってみると濃厚な塩味が舌に残り、「塩味が立つ」というのか、塩辛いとの印象を受けた。会社のパネラーによる官能試験の結果も、意外にも焼肉のタレに向いているとのことで、精進食が主体だった寺の調味料とは思えない結果になった。

この他の醸造技術に関する古い時代の文献には、詳しい記述は少なくて、学生の実験ノート以下の場合が多い。設備も最新のものとは異なるから、ある程度は推測によってつくってみるしかない。一番の問題は、たとえ復元しても、できたものが本当に昔のものと同一なのか検証する術がないことで、およそこのようなものだったのだろうと推測する程度である。それでも、復元実験によって昔の発酵食品の特徴を調べるのは意義があるだろう。

さてキッコーマン国際食文化センターでは下り醤油の復元実験を試みたことがある。この際選定した文献は、江戸時代享保年間に書かれた『萬金産業袋《ばんきんすぎわいぶくろ》』（一七三二）である。同書が選定された理由として、下り醤油の全盛期でその製法がかなり広がりをもっており、製法が詳細に書かれていることであるが、実際に醤油をつくって色、味、香りを評価してみた。

『萬金産業袋』にはいくつか異本が存在する。科学史研究者の吉田光邦の考察によれば、国立国会図書館白井文庫蔵の序文の末尾に「享保壬子《みずのえね》之春」とあるので、享保一七年（一七三二）に京都寺町通松原上る町菱屋治兵衛が刊行したのが最初と考えられる。著者三宅也来《やらい》の経歴は不明であるが、京都の住人だったらしく、京都の地理をよく知っている。したがって同書第六巻「酒食門」に記された酒、醤油、酢のつくり方は、当時の関西風と考えてまちがいなさそうである。

「大抵売りしやうゆの仕込みやう」について、筆者による要約した現代語訳を掲げる。(16)

小麦一石をよく炒ってざっと挽割りにし、白豆（黄大豆か）を味噌のようによく煮て、右の小麦と一つにしてかきまぜ、麹蓋に入れてねかせ、花のあがったとき（コウジカビの胞子が着生した）時、水二石に塩八斗を溶かして造りこむ。毎日櫂でかきまわし、日数は六〇日以上と長いのをよしとする。酒は寒造りといって、寒い時に造り込むのを専らとするが、醤油は夏の土用の内に仕込み、秋の末に至って搾るのをよしとする。右の通りにしてそのまま搾り上げると、右の麦・豆・水の量で、醤油二石六、七斗ずつが得られる。

麦と豆からも液が滴るので、最初に加えた水の量よりも増えるのである。このままで使えば、生《き》しょうゆであり、風味がよく軽く、どれだけ暑い時も少しもカビが出ず、よいものであるが、今現在の値段ではなかなか売れないので、中古より「もどし」ということをはじめた。

酒屋の「ふんごみ（踏込）」粕三貫目（一貫＝三・七五キロ）に水一斗、塩三升を入れてよく煮立てれば「どびろく（どぶろく）」のようになる。それをよく冷まし置き、醤油一斗の中に右のもどしを四升か、四升五合の割合で諸味の中へ入れ、袋に締め木で搾る。搾り方や船のつくり方はだいたい酒と同じである。またもどしに糯米二升を強飯《こわいい》に蒸して麴にねかせ、水一斗に塩三升を入れて煎じ、右の糯麴を入れ、諸味にして、右の粕のもどしの積に入れて搾るのである。このため、この頃の醬油はいかにも風味がよく、色がよくても、夏の季節に入り、梅雨などの頃には白くカビが出ることがある。これはまったく「もどし」の仕業であろう。

二番醬油を取るのは、冬だけである。たとえば醬油を二斗取った後なら、水二升に塩を三升入れて、右のように搾り上げた粕を打ち込み、櫂でよくかきまぜておき、三〇日ばかりして一番同様に搾り上げる。また品質が少しよい醬油には、麴三升を右の水に入れ、麴であるが醬油の実にまぜて搾る。二番醬油の水は、ざわざわと一度煎じてから入れるのがよい。塩は赤穂の麦わら塩、島塩などをよしとする。

さらにたまりしょうゆについては、こう説明している。

たまりしょうゆは、大麦一斗を炒って挽割りにし、黒大豆一斗をよく煮て右の大麦と一つにしてねかせ、麦一斗に水八升、塩二升五合の割で仕込み、日数もおよそ七五日、上槽のやり方はふつうの醬油に同じ。その他溜り醬油のつくり方は一概にいえない。家々のつくり方、国ごとの気風により少しずつ区分もあるが、大略は右のようである。

元来原料は大麦と黒豆であるから、胃に重くもたれることもなく、いかなる病人にも許されるのは、右の製法ゆえであろう。諸国から出る醬油の品は、泉州堺には上物、中物、次物があるが、値段に応じて風味がよいものであるから、多くは販売用にこれが必要である。備前の八浜・摂州大坂・勢州白子、同じく松坂、このあたりから出るのは皆大体溜り醬油であり、至極風味がよく、上物だけである。また普段用の醬油も産出する。尾州名古屋、信州の上田醬油、さてまた江戸へ出る販売用醬油は、それと名を指して名物とするほどのことはないけれども、相州小田原・上州藤岡・古河・関宿など金港から産出するのである。なおこの他江戸の近郊から産出する分は、皆「地廻り醬油」というのである。この文章をまとめた結果、小麦一石、白豆一石、塩八斗、水二石から得られる生醬油は、二石六、七斗となる。

さてキッコーマンによる「下り醬油」の復元実験であるが、さいわい野田市の同社には「御用醬油醸造所」、俗にいう「御用蔵」があって、竃、焙烙鍋、麴蓋など昔からの道具が使われ、手づくり醬油の製造に慣れた作業員もいる。現在では木の仕込み桶をつくることのできる職人もきわめて少なくなってしまったが、これも再製し、道具、装置は可能な限り再現したものを使用し、文献通りに「夏の土用」から仕込みをはじめ、醸造期間は約三か月、一〇〇日前後にした。仕込みから約六〇日間、毎日櫂で攪拌した。醬油麴をつくるカビにはソヤー（学名 *Aspergillus sojae*）とオリゼー（学名 *Aspergillus oryzae*）の二種があるが、それぞれ同一の条件で用いて醬油をつくった。その結果は次のようである。

・いずれの醤油も、食塩濃度が二〇・五％もあって、現在の濃口醤油（一六％）、淡口醤油（一八・五％）よりも高い。
・醤油の品質を判断する材料の一つとして、通常全窒素（ＴＮ）の数値を用いる。この値が高いとタンパク質がよく分解されていることを意味するが、いずれのカビを使った醤油も、現在の淡口醤油並に低い。
・アルコール分、糖分が現在の醤油に比べて少ない。

官能検査では、醤油の味に深みがなく、香りが弱く、最初の口当たりは旨く感じるけれども、すぐに「塩味が立つ」という。ここで「塩味が立つ」という表現が面白い。塩味が舌を刺激するような塩辛さは、嫌いだというマイナスの評価になるのだろう[17]。

これらの欠点は、諸味の熟成期間が今の醤油よりもみじかいことに原因があるらしく、酵母によるアルコール発酵が十分進まず、味に深みとコクがないという結果になったものと考えられる。発酵食品の味の評価はまだまだむずかしい。熟成期間を長くとり、コウジカビ、乳酸菌、酵母が活躍する十分な時間を与えて総合的にうまい醤油をつくることが重要なのである。

淡口醤油

前述のように醤油には濃口と淡口がある。現在では約八割を濃口が占め、残りは関西を中心とした淡口、東海三県の溜りなどである。濃口と淡口の製法のちがいは、濃口が原料の大豆、小麦をほぼ等量とし、小麦を炒って濃い色をつけるのに対して、淡口はなるべく色つきを抑え、さらに諸味に米や甘酒を加える点にある。淡口醤油は、白身魚が主体で薄味の関西食文化が育ててきたものといえるが、食塩濃度はむしろ濃口よりも高い。そのことから健康志向の現在ではやや敬遠されているようである。

淡口醤油の代表は播州龍野醤油であり、現在もここに工場を持つ「ヒガシマル醤油」は、淡口醤油を主体に製造している。

「うすくち龍野醤油資料館」が所蔵する文政五年（一八二二）刊の『醤油仕込方之控』は、龍野の有力醤油屋であった鉄屋庄兵衛によって書かれたものであるが、一九世紀前半における龍野淡口醤油の製法を知ることのできる貴重な文献である(18)。

淡口醤油の特徴は、大豆を蒸煮した時に得られる粘性のある液体、いわゆる「あめ」を別に取っておき、製麹を終えて仕込む際に「番水（番醤油）」と共に加えること、また諸味を搾る前に甘酒を加える点にあろう。原料となる大豆、小麦、水、塩の配合、また潮解性のある苦汁《にがり》を十分取り除いた古い塩を加えること、一度諸味を搾ったあとの滓に塩水を加えてつくる「番水」を仕込みに活用している点が注目される。

甘口醤油

九州の醤油は甘いといわれる。その理由として、気候が温暖で寒い地方より塩味を強く感じるため、塩を減らして甘味を濃くした醤油がつくられるようになったとも、九州は経済性が低いので安くつくれるためともいわれる。戦前は砂糖や甘草エキス、戦後人工甘味料が許可されてからは、サッカリン、チクロ（サイクラミン酸ナトリウム）、ズルチンなどが添加された時期もあった。現在では砂糖、ブドウ糖、異性化糖、甘草などが甘味料に使用されている。

九州各県の醬油鑑評会審査結果を見ると、濃口醬油で塩分一五―一六％とやや少なく、一方糖分は三％を超えるものもある。こうした特性はもっと南の台湾産醬油に類似しているとの指摘もある。[19]

第五章　日本醬油の海外輸出

江戸時代初期から関西には紀州湯浅、播州龍野、後に関東には銚子、野田などの産地が誕生し、醬油醸造業は酒に次ぐ一大発酵工業として発展していった。これに比べると味噌の醸造は小規模なもので、醬油ほどの大工業にはならなかった。また、俗に自家製味噌の味を自慢することから転じた「手前味噌」という言葉もあるように、味噌は基本的に農村では各家庭でつくるものだった。

京都はおそらく醬油発祥の地と思われる。前述の『雍州府志《ようしゅうふし》』には、今では京都の酒家がこれを多くつくるようになった、そのため堺産の醬油が京都で流通するようになっても使用するにはおよばないという記述がある。同書が刊行された江戸時代初期には、河原町二条あたりに醬油職人、味噌屋が居住していた。

醬油と味噌はいずれも発酵調味料で近い関係にあるが、外国人による評価は大きく分かれ、その後の輸出にも影響したと思われる。醬油がおおむね好評で輸出までされたのに比べ、味噌の方は「いやな味がした」などと評判が悪く、ほとんど国内でしか用いられなかった。

ケンペル、ツュンベリーの報告

江戸時代前期から中期に訪日したドイツ人医師エンゲルベアト・ケンペルとスウェーデン人植物学者カール・ツュンベリー（ツンベルグ）、二人の科学者は醤油をどう見ただろうか。まずケンペル（一六五一—一七一六、滞日一六九〇—一六九二）の『日本誌』から紹介する。

大豆（Daidsu）は、見たところトルコ豌豆に似ているが、その生えている様子はルーピナス（Lupinen 羽団扇豆）に似ている。この豆は成熟後、日本人から非常に珍重されている。大豆の粉を使って味噌（Midsu）というねっとりした調味料を作る。これはわれわれのところで言えばバターみたいなものである。大豆からはまた醤油（Soeju）を醸造する。これは食物の味付けに用いる調味料であり、外国はオランダへまで輸出されている。その使用法は、拙著『廻国奇観』の八三九頁に記載してある。(1)

醤油の海外輸出は江戸時代初期の寛永年間からはじまり、長崎の出島諸色売込商人、「コンプラ仲間」が主体となった。コンプラ仲間は出島にくるオランダ商館員のために日用品の販売仲介をした人々である。

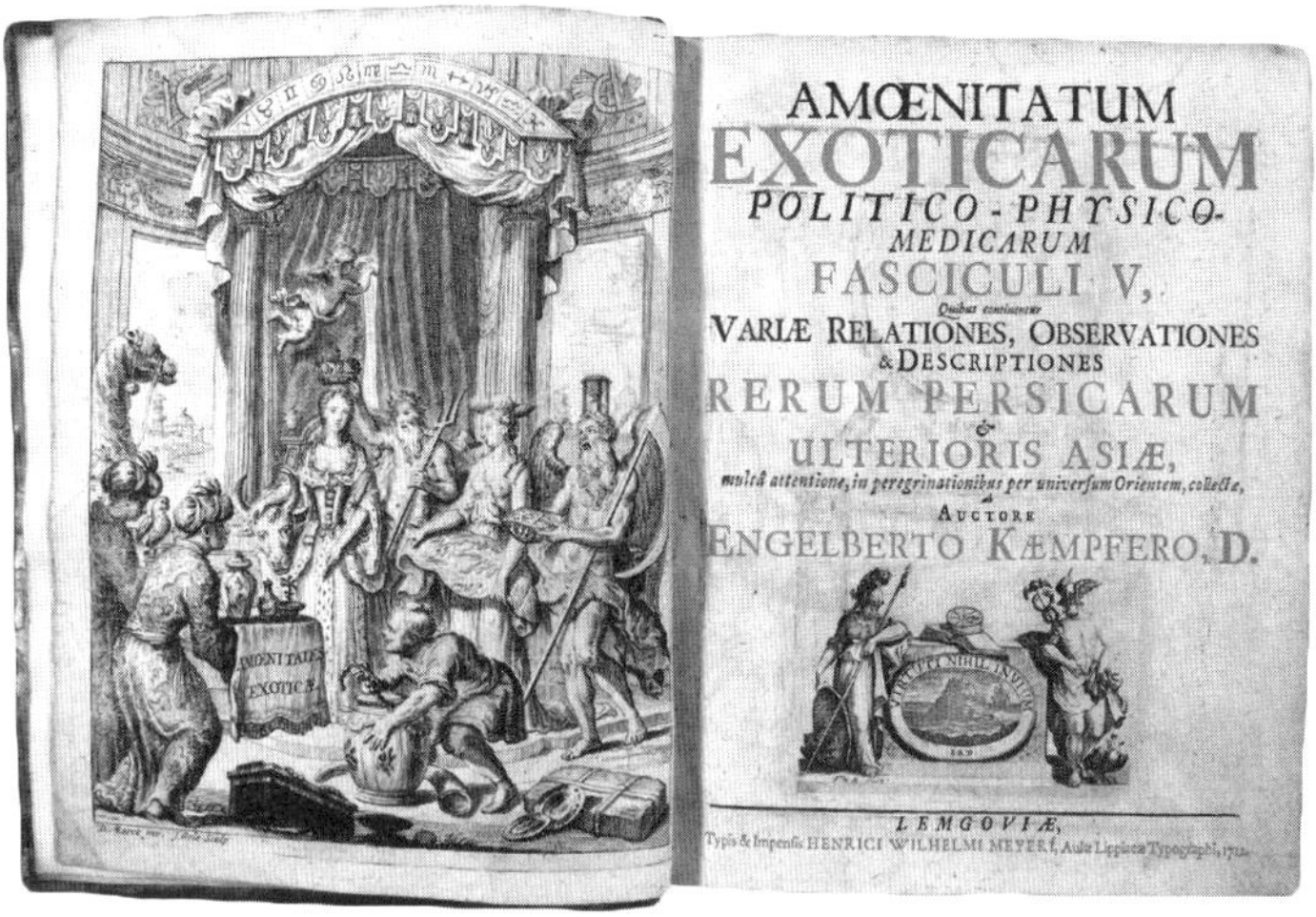

ケンペル『廻国奇観』の表紙

次はツュンベリー（一七四三―一八二八、滞日一七七五―一七七六）の『日本紀行』を見てみよう。ツュンベリーは二名法分類を確立したスウェーデン人リンネの弟子であり、日本の植物採集を目的とし、たいへんな苦労を重ねた後に来日し、短い滞在期間にもかかわらず多くの標本を持ち帰ることができた。日本の植物を体系的に分類した『日本植物誌』（一七八四）は高く評価されている。その紀行文には自然科学者らしい冷静な観察眼が感じられる。

彼は江戸での見聞、日本人との交際を元に『ヨーロッパ、アジア、アフリカ、アジアへの旅』を著わした。日本に関する部分は一七九六年にフランスで出版された仏語本から日本語に翻訳されている。日本人の食生活に関しては以下の記述がある。

一般の人は魚と韮を入れて作った味噌を日に三回即ち食事毎に食べる。味噌は欧州のランチイユ（Lentille）によく似てゐる。これは日本のドリック（学名 *Dolichos soja*）に生る小さな豆である。味噌即ち大豆の汁は日本人の食料品の主をなすものである。あらゆる階級の人、高きも低きも、富めるも貧しきも、年中日に数回これを食べる。その製法を書けば次の如くである。豆を少し柔くなるまで煮る。これに同量の大麦或は小麦を交ぜる。この混合物を二十四時間暖い場所において、自由に発酵させる。続いてこれに同量の塩及び二倍半の水を入れ、その後数日は怠らずこれを攪拌する。一定時を経たのちこの液体を圧搾して、これを樽に入れる。特に醤油を作ることの上手な国がある。古くなればなるほど質がよくなり、且つ澄んで来る。常に褐色をしてゐて、その主な味は快よい鹹味である。(2)

現在では大豆の学名は *Glycine max* であり、*Dolichos* はフジマメ属をしめす。また Lenntille の和名はレンズマメである。その名前通りレンズ型をした小さな豆で、ヨーロッパではスープ、煮込み料理などに広く用いられる。

最初の味噌汁の話が途中で醤油になってしまっているのは、やや変だ。著者が混同したのか、訳者が飛ばしてしまったのか。

醤油については同書にもう一か所、

〔日本茶が中国茶より劣るという話に続いて〕その代り非常に上質の醬油を作る。これは支那の醬油に比し遥かに上質である。多量の醬油樽がバタヴィア、印度及び欧羅巴に運ばれる。互に劣らず上質の醬油を作る国々がある。和蘭人は醬油に暑気の影響をうけしめず、又その発酵を防ぐ確かな方法を発見した。和蘭人はこれを鉄の釜で煮沸して、壜詰とし、その栓に瀝青を塗る。かくの如くにすれば、醬油はよくその力を保ち、あらゆるソースに交ぜることが出来る。(3)

とある。ツュンベリーの記述は非常に興味深い問題を提供している。日本酒が火落菌によって夏期腐敗するのを防ぐため、奈良興福寺の塔頭において低温の「火入れ」殺菌がはじまったのは一六世紀の半ば頃であるが、醬油の火入れはいつ頃はじまったのかはっきりしないのである。ツュンベリーが来日した頃には醬油も火入れされていたが、輸出用の容器が樽だと暑い赤道を越えてインドやヨーロッパまでの長い航海では腐ってしまった。

醬油を火入れする目的は、①生揚げ醬油に空気中から混入した微生物を殺菌すること、②残存するコウジカビの酵素を熱によって失活させること、③醬油らしい色と香りをつけること、などである。醬油づくりは高濃度の食塩が存在する特殊な環境下で行なわれるから、桶に蓋のない開放発酵であっても日本酒ほど腐敗は起きにくい。酒よりは高温であるが低温殺菌にはちがいなく、戦前までは六〇—七〇度、現在は八〇—八五度程度で行なわれる。

ここでオランダ人は防腐のために醬油を一旦煮沸してから壜詰とし、さらに栓をして瀝青（pitch.タール、石油などの蒸溜残渣）を塗っている。信州望月の酒屋で元禄期に封印された酒は、磁器に木栓をし、さらに漆で密封されていた例がある。単に火入れしただけでは不十分だったからだろう。酒も醤油も長期間保存するには、密封できる小型容器を使用し、高温で煮沸殺菌する必要があったと思われる。

鎖国体制下、幸運にもこの極東の小さな島国に滞在することができたシーボルトやケンペルは、ドイツ人でオランダ商館付の医者であった。またツュンベリーはスウェーデン人である。長崎オランダ商館の館員はふつう秋にジャワ島のバタヴィアから来日し、翌年初冬の船でジャワに帰った。彼らは金儲けに専念し、日本に対する文化的関心は低かったと思われているが、ドゥーフ、フィッセル、ティッツイングらの著作を読めば決してそうではなかったことがうかがえる。

ティッツイングの報告

イサーク・ティッツイング（一七四四／四五―一八一二）の著作は科学技術史の観点からは検討されていないようだが、きわめて興味深い。アムステルダム生まれのティッツイングはオランダ東インド会社に入社後、ジャワのバタヴィアを経て一七七九年に長崎商館長を命じられ、以後八四年までにバタヴィア長崎間を往復すること三度に及んだ。離日後はインドのベンガル、バタヴィアに長く滞在した。

なかなか有能な商館長であり、日本側との交渉の際はけっこう脅しも使って要求を通したし、乱れ切っていた商館員の綱紀も引き締めた。性格が親しみやすかったため、長崎奉行久世丹後守の信頼も厚く、また江戸では蘭学者桂川甫周《かつらがわほしゅう》や蘭癖大名の薩摩藩主島津重豪《しげひで》、丹波福知山藩主朽木昌綱《くつきまさつな》らとも親しく交際した。

国会図書館所蔵の Verhandlingen van het Bataviaasch Genootschap der Kunsten en Wetenschappen（『バタヴィア芸術科学協会論説』）第三巻二二号には、ティッツイングの「酒の製造」、「醬油の製造」、最後に簡単な日蘭対照辞書が収められている。彼は酒の原料である米と「カビの生えた米」、すなわち麴に強い関心を示している。酒に続く「醬油の製造」の記述はごく短い。全文の拙訳を掲げる。

醬油の製造は簡単で、以下のようなやり方で行なわれる。一ガンティング（ganting）の搗いた味噌豆〔大豆〕を取る。そこに一ガンティングの搗いた小麦または大麦と、十分と判断されるまでよく煎ってから、碾《ひ》いた小麦または大麦を入れて、適当な色になるように、これを三種互いにまぜ合わせる。そして閉じた箱の中でこれにカビを生やすために八日間の期間が必要とされる。この混合物全体がカビで緑色になったら、その後これを箱から取り出し、丸一日太陽の下で乾燥させる。それから2 1/2ガンティングの沸騰した湯と一ガンティングの清浄な塩を取り、この水に完全に溶かす。その後これを潮のゴミが沈み、水が冷めるまで一昼夜静置し、水をきれいに流し出す。

続いて上述の三種をすりつぶし、十四日の間何度も柄杓でかきまぜる。小麦または大麦を使う。そのちがいは、大麦で醬油をつくると、はるかに味がうすくなる。小麦のそれはより濃く、たっぷりとしており、インクのように見える。

醬油は中国人にケチャップとよばれ、大変素晴らしくおいしい塩として、オランダ同様バタヴィア焼肉に多く使われている。(4)

ケチャップとはトマトケチャップのことではなく、インドネシアの中国系住民がつくる調味料のことであり、見た目はインクのようだった。黒大豆にコウジカビをつけ、塩を加えてつくる。焼肉のタレとして醬油を使うことはすでにこの時代からオランダ人も行なっていたわけで、なかなかおいしいものだったろう。

インドネシアの発酵調味料ケチャップ（kecap）は現在も広く使われるが、大豆、小麦、塩を原料とした黒くて粘性が高い甘い調理用ソースである。インドネシアの代表的大衆料理の焼き飯（ナシゴレン）や焼きそば（ミーゴレン）の調理に欠かせない。

コンプラ瓶

江戸時代の長崎が驚くほど豊かであったことは、出島や西洋式砲術を指南した高島家の発掘調査で出土した、おびただしい数の日本、中国、ヨーロッパ製高級陶磁器などからもうかがえる。オランダ人が持ち込んだ酒瓶、日本製の酒瓶も出土し、酒の東西交流も盛んであった。出島から外に出られないオランダ商館員たちは、憂さ晴らしに大いに飲んだのであろう。

当初木の樽だった輸出用の酒や醬油の容器は、のちに「コンプラ瓶」とよばれる磁器の瓶にかわった。前述のように長崎の「出島諸色売込商人」、俗にいう「コンプラ仲間」が使った瓶のことである。コンプラの語源はポルトガル語の comprador であり、英語の buyer に相当する。コンプラ仲間はオランダ商館がまだ平戸にあった寛永年間に結成され、その子孫が明治時代まで商品の買い付けを行なった。オランダ商館長のヨハン・フィッセルは次のように観察している。

商館のために出入りを許されている調達人たちがいるが、彼らはすべてのものを自分で製作する

コンプラ瓶

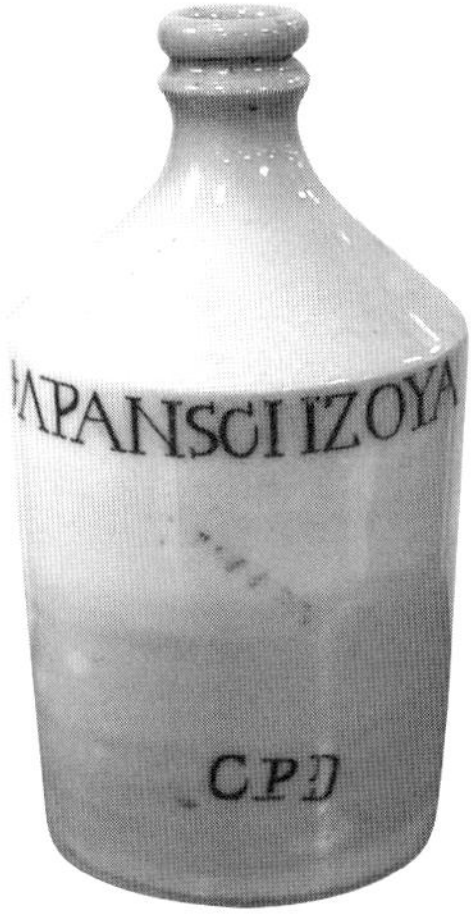

わけではなく、要求された品物を契約して出島に供給するのである。食糧に関しては、すべての品について、それぞれの調達人があり、この商人は町の中にも、また〔出島の〕橋のすぐ向う側にも住んでいて、表門の処で二枚の板を互いに打ち合わせて、その合図で出島に呼び入れられるのである。(5)

酒や醬油を輸出するためのコンプラ瓶が盛んにつくられたのは、幕末の開港から明治二〇年頃までといわれる。産地の波佐見《はさみ》（現・長崎県東彼杵郡波佐見町）の小柳家では明治、大正年間まで焼いていた。

長崎市教育委員会が一九八四年からはじめた出島の発掘調査では、多数の遺物とともに、実に一〇〇〇本余りのコンプラ瓶が折り重なって出土した。使用済みや破損した瓶を捨てたものらしい。有名な有田焼ではなく、日用が中心の波佐見産の塗付白磁、同規格の瓶であり、JAPANSCH ZOYA（日本醬油）、あるいはJAPANSCH ZAKY（日本酒）と紺色の字で書かれている。

筆者も長崎市立博物館を訪れた際に実物を目にすることができた。醬油用が九種、酒用が七種である。いずれも少しずつ形はちがっていて、何軒かの窯元で焼いたものらしい。いくつかのタイプの特徴を挙げよう。

・縦長、大型で現在のワイン瓶様のタイプ。
・小型の白磁タイプ。下部にコンプラドールを略したＣＰＤと書かれている。容量は約五〇〇ミリリットル。

・saky、あるいはsakkyと書かれたタイプ。

・やや大型で、ロシア語でヤポンスキー・ショウユ、ナガサキ、ベンゴロウ・コウノ（河野弁五郎か）と書かれたタイプ。

・丸っこく、花の絵が描かれたタイプ。英語と日本語で「大日本長崎港醤油森山製」と付記されている。

英語表記の瓶は明治時代につくられ、ロシア語のは安政元年（一八五四）にロシア使節プチャーチンが帰国する折に幕府が大量に贈った醤油瓶のうちの一本だろう。そのうちの一本が同行した秘書官で作家イワン・ゴンチャロフ（一八一二―一八九二）からトルストイに贈られ、一輪ざしとして使われた。コンプラ瓶ができてから博物館に展示されるまでの足どりを想像するだけで楽しい。よく見かけるのはCPDと付記されたタイプだが、後年の複製品もあるらしく、CPDが書かれていない、やや粗悪な仕上げのものが時折古物市に出ている。

作家の井伏鱒二も随筆「長崎の醤油瓶」で、この瓶について述べている。(6) 彼が三好達治と雲仙に旅行した折、長崎の顔役の人からそれぞれ「金富良《コンプラ》醤油瓶」をもらったが、それは長崎県庁舎の建設工事で出土した三〇〇個の瓶の一つだった。高さ五寸、容量三合、呉須《ごす》（染付磁器の模様を描く青藍色の染料）でJAPANSHZOYAと書かれているので醤油瓶であることは間違いないが、試しに醤油を入れて小皿に注いでみると、はなはだ出が悪かった。これは貯蔵容器であって醤油差しではないらしい。

続いてコンプラ瓶の由来、ＣＰＤという文字の意味、トルストイが入手したいきさつを推論するなど、なかなか楽しい文章である。皆考えることは同じであるようで、一輪差しや燗徳利によいだろうとある。

容器の変遷をたどると、醸造用の容器は中世以来の甕や壺から大桶に、海上輸送用は樽へとかわったが、海外輸出用は樽では無理だったようである。最初は「二重樽」（後述）も試みられたようだが腐敗は防げず、密封可能で長期間の保存に耐える磁器製の瓶になった。瓶の栓は残っていないが、炎暑の赤道を越えて輸送するためにどのようにして封印し、完全な火入れ殺菌を行なったのだろうか、興味は尽きない。

商館記録から

日本産の醤油はいつ、どれくらいの量が輸出されたのだろうか。オランダ商館の膨大な文書をもとにその全体像を明らかにした山脇悌二郎の研究(7)から見てみよう。輸出先はアジア全域とオランダ本国であり、オランダ東インド会社による「会社輸出」と、商館員個人による「脇荷取引き」の二つの流れがあった。

このうち会社による輸出先と、初めて積み出した年は以下の通りである。

台湾　一六四七年に一〇樽の醤油が台湾安平（現・台南市）の商館へ送られたのが、最初の記録で

醤油の輸出先

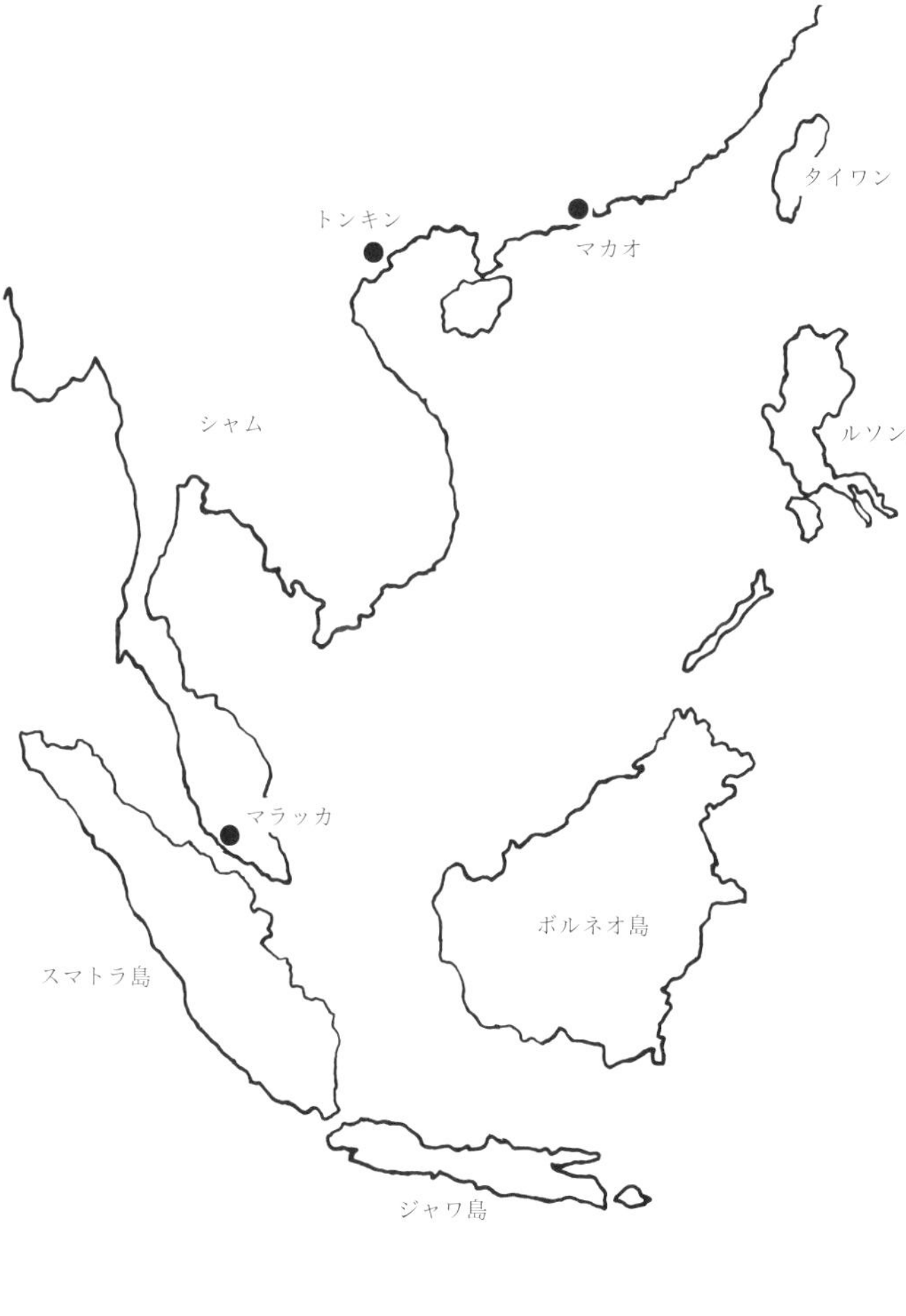
タイワン
トンキン
マカオ
シャム
ルソン島
マラッカ
ボルネオ島
スマトラ島
ジャワ島

醬油の輸出先

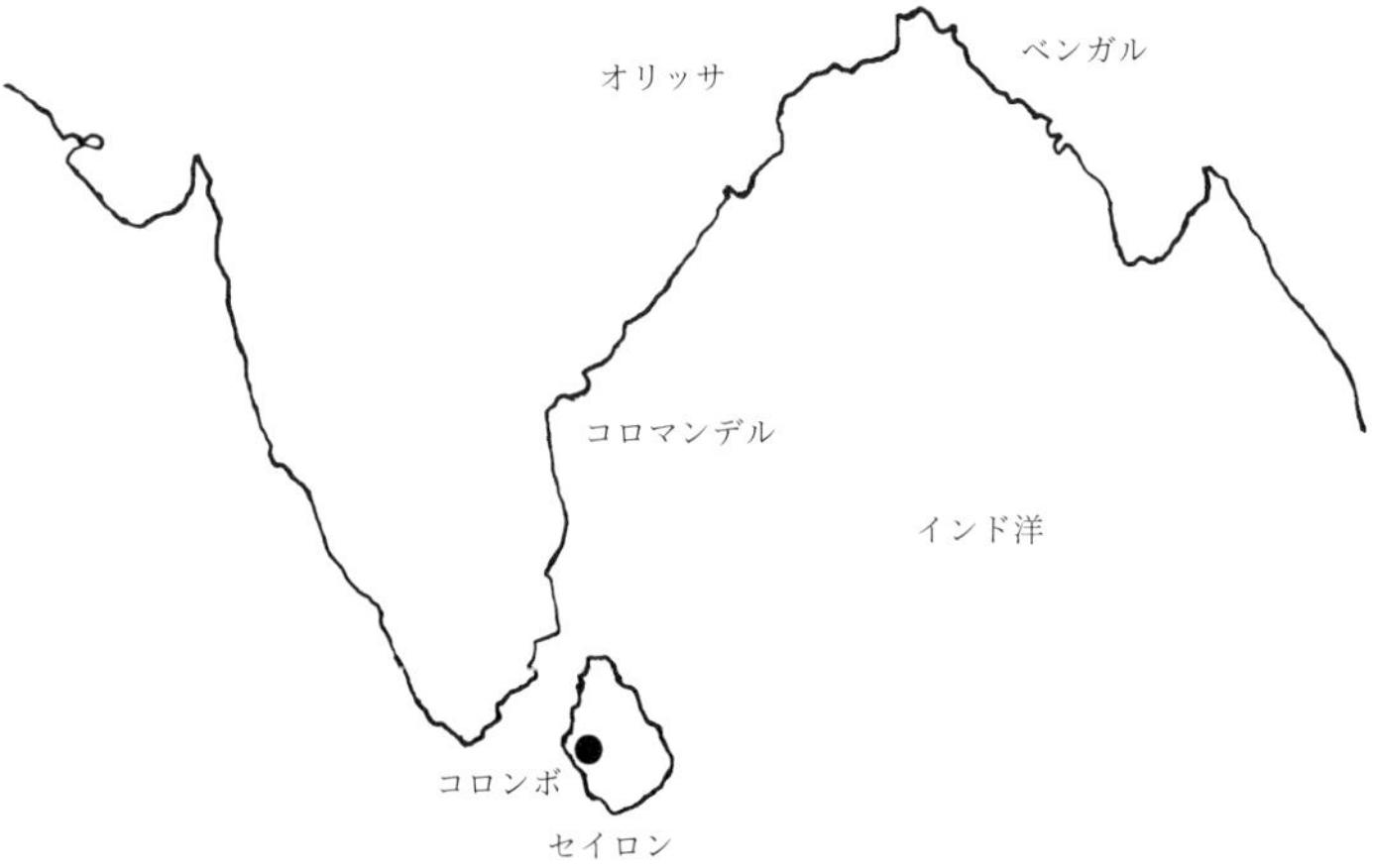

ある。日本からの輸出品は台湾商館を経由してさらに遠方まで送られる場合があった。

トンキン　トンキンは現在のベトナム、ハノイである。一六四七年から輸出。鎖国後も同地には日本人社会があったので、日本人向けと思われる。

シャム（現・タイ国）　一六五七年―。日本人町があり、華僑も多く居住していた。一六五七年に大樽で三樽と量は少ない。

バタヴィア（現・インドネシア、ジャワ島）　一六五九年―。これも大樽四樽と少ない。また、醬油以外に酒、味噌、香の物なども輸出されている。

一六六〇年代に入ると、さらに遠く、インド東海岸の地にまで輸出されている。

マラッカ・カンボジア　一六六五年―。

コロマンデル・ベンガル（現・インド東海岸）　一六六六年―。一七世紀にはこの地域に多くの商館があり、数樽が輸出されている。

セイロン（現・スリランカ）　一六七〇年―。
スラット（現・インド西海岸）　一六七二年―。当時は貿易で栄えた地域でオランダ東インド会社はここにも多くの商館を設けていた。
アンボイナ・バンダ・マカッサル　一六九三年―。香料群島ともよばれるモルッカ諸島にも輸出されている。

このように輸出先はアジア全域にわたっていたが、いずれも数樽程度にとどまっている。輸出先は毎年少しずつ遠くへのびていった。しかし、輸出価格が高騰したため、一七二一年以降、輸出先はジャワのバタヴィアだけとなった。オランダ本国へは、一七三七年〜六〇年まで、バタヴィア向け七五樽のうち二五樽程度が送られていた。

醤油はどのようにして輸送したのだろうか。容器は、一七世紀は木樽が主流だ。小樽（kleene balijtiens）と大樽（grote balij または dubbelde balij）の二種類があった。前述の「二重樽」とは、密封のできる二重につくられた樽のことかと筆者は思っていたが、dubbelde は大樽を指すようで、そうなると防腐については課題がありそうである。山脇は当時用いられたオランダの液量単位 amen と legger（一legger は五八二リットル、三石二斗二升六合余）をもとに、大樽の容量は約一斗六升二合、と算出している。

オランダ本国向けの醤油は大樽に詰め、「ケルデル箱（kelder）」とよばれる、仕切りが一五ある箱に入れて送った。もともとケルデル箱には、「ケルデル瓶（kelder Vlessen）VF」という長崎商館向け

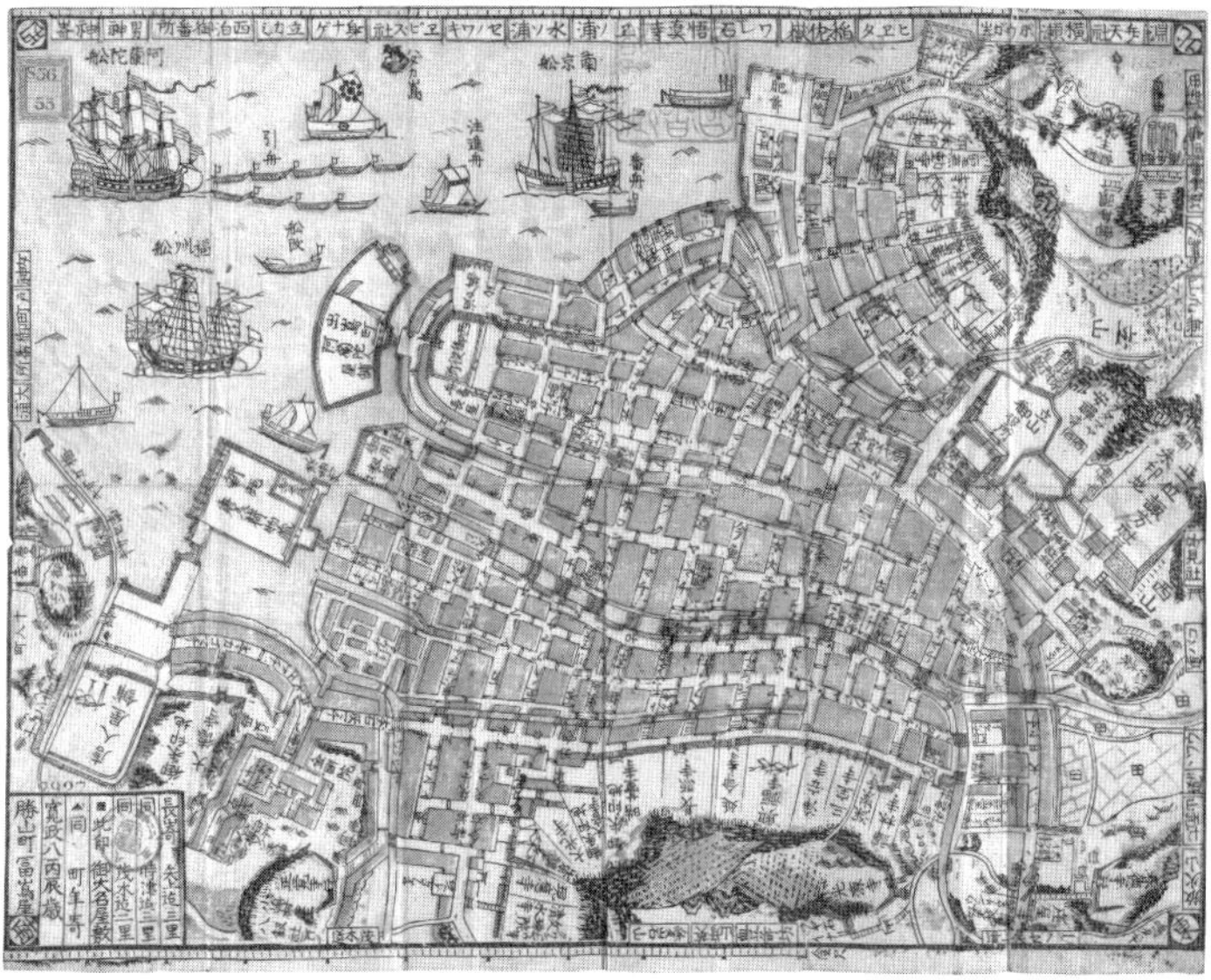

出島と唐人屋敷の両方が描かれた「長崎図」（寛政8年）。国立国会図書館デジタルコレクション

のブランデーや蒸留水を詰めた四角いガラス瓶が入っていた。焼物のケルデル瓶は、一七世紀末から肥前有田でも製造されている。

先のコンプラ瓶の容量は、二合九勺余（約五二二ミリリットル）とされ、オランダ商館は毎年大樽入り醤油の他に、瓶詰めの「浄化醤油（gekuist Zoija）」というものを輸出している。オランダ語の動詞 kuisen は「精製する」という意味なので、磁器製のコンプラ瓶に詰めてから煮沸殺菌した醤油と思われる。

俗に「醤油のカビ」は、液面近くに白い膜を形成する「産膜酵母」とよばれる微生物で、駆除するのはなかなか困難である。煮沸殺菌後に瓶の栓をピッチか漆で密封したのかも知れない。冷蔵庫などない時代、こうしなければ長期間熱帯を航行する船上で腐敗を防ぐのはむずかしかったろう。

商館による醬油の輸出は一七九三年まで続いたが、九九年にはオランダ東インド会社そのものが解散することになったため、会社による輸出は二度と復活しなかった。

この他に長崎に毎年多数入港していた中国船による輸出については、『唐蛮貨物帳』に一七一〇年代の記録がある。正徳元年（一七一一）、五二番船に三七〇樽を積んだのが最大の規模である。

長崎から輸出された醬油の産地はどこだろうか。一七世紀後半はまだ酒はもちろん、醬油もいわゆる「下り物」が高品質の代名詞であり、長崎までの輸送距離を考えても、関東産ではなく、関西か地元産だったと思われる。一六八七年の商館記録でも、セイロンやベンガル地方向けに「京の醬油(Miacose Zoia)」が樽詰めされて輸出されたことがわかる。

幕末から明治初年にかけての醬油輸出に関する田中則雄の研究もある。(8) 波佐見の小柳市左衛門という人が長崎のコンプラ商社と年間四〇万本納品する特約を結んだという。一本三合入りとして、四〇万本では一二〇〇石にも達する。これは想像以上の量である。瓶の生産は、明治初年から次第に減少したというが、それでも明治四〇年（一九〇七）頃に一〇万本、大正五年（一九一六）に三万本、大正六、七年に一万数千本くらいだったというから、瓶に詰めた海外輸出はかなり長く続いたようである。

輸出が減少した原因は、明治初年の海外への輸出品の多くがそうであったように、過当競争、品質の低下によって信用をなくしたことである。古くからあるコンプラ社すら、しばらく輸出できない時期があった。

明治一六年（一八八三）にコンプラ社が農商務省に提出した報告書によれば、同年一月から九月までに約三万瓶（九〇〇石）を販売している。長崎に暮らすオランダ人やドイツ人を対象とした。

ヨーロッパ人による評価

対外関係が危機をむかえ、開国から明治維新へと政治の激動が続いた一九世紀前半から半ば頃にかけては、訪日する外国人の数も飛躍的にふえ、それまでのオランダ東インド会社の関係者に加えてイギリス、アメリカ、フランス、ロシア人による日本紀行文も多数ある。

開港後は外国人も江戸市中の店をのぞいたり、郊外へ遠乗りに出かけたりするようになって、日本庶民の暮らしぶりに直接触れる機会がふえた。総じて彼らは日本の風景の美しさ、人々の勤勉で親切なことに目を止め、また手工業に携わる職人たちが器用で製品の質が素晴らしいとほめている。醬油が外国人にどう受け止められたか、いくつかの紀行文から見てみよう。

ヘンドリック・ドゥーフ（またはズーフ。オランダ人、一七七七―一八三五、滞日一八〇〇―一七）は一八〇〇年に来日し、〇三年に商館長となったが、この時期はナポレオン戦争によるヨーロッパの混乱のため、オランダ船の来航はなく、長い間不自由な出島暮らしを強いられた。途中でイギリスが商館の占領を試みたフェートン号事件（一八〇八）が起きたが、ドゥーフは強い指導力でこの危機を見事に乗り切った。今日でも名館長といわれるゆえんである。酒と醤油については『日本回想録』（一八三三）に以下の記述がある。

私は酒と醤油についてこの機会に一言説明しよう。前者は米で醸造したビールであるが、蒸留していない。醤油（soja あるいは soya）は、日本に水牛はいないので水牛の血でもない。牛肉はこの国には非常に稀で私がこれを試すのに数年かかったほどだから、牛肉の汁でもない。腐敗した魚でもない。それは小麦、塩、味噌豆（mieo-mams）と名づけられる一種の白豆をまぜたものに他ならない。それは大きな壺の中で地下に置かれ、一定時間発酵させ、その上もっと長く貯えられるように煮沸される。(9)（筆者訳）

当時外国人は、醤油の濃い色を水牛の血とか、濃い牛肉スープなどと噂していたらしい。ドゥーフは火入れのこともよく理解している。

プロシア使節の随行員フリードリッヒ・オイレンブルク（来日一八六〇）の『日本遠征記』も興味深い。幕府がプロシア公使のために催したパーティーの食事であるが、記者はたいへん醤油をお気に召したようである。

〔竹のヨーロッパ輸出の可能性に続いて〕同様にヨーロッパへ持ってきて馴化させたいものに大豆がある。われわれの国でソヤSoyaという名で知られているソースは、大部分人工的に合成した化学製品で、しかも富裕な人々の食卓にだけ見られるものである。しかし日本から輸入されたものですら、日本で誰でもが毎日食事の調味料として使っているものとは、それこそ煮立てたハンガリーのブドー酒と純粋のトカイエー酒〔トカイエーはハンガリーのブドウ酒。果実酒の名産地〕ぐらいの雲泥の差があるのである。その製造法は、細かいことについてはもっと詳しく調べねばならないが、非常に簡単なものであるという。つまり、大豆を柔らかく煮て、それに米か麦芽を加え、二十四時間の間、暖かい所において発酵させる。そして塩と水とを入れ、はじめの何日かはよくかき混ぜ、その後二カ月ないし三カ月大きな密封した瓶《かめ》に入れて貯えておく。最後にこの液体を搾り、樽に満たして栓をする。こうしてつくられた醬油は、稀溶液状の塩分の弱い薬味であり、快い食欲をそそりまた消化をたすける。古くなると品質もよくなるそうであるが、弱い樽ビールと同様、保存はあまりよくなく、一定の期間しか持たないことは確かである。オランダ人によってヨーロッパへ輸入されるものは、船で積み出す前に煮沸される。そのため持ちはよくなるが、液が濃く、味も強くなってしまう。本当に味わうためには、大豆の栽培からやらねばならない。それによって新鮮で安価な醬油が得られるのである。この状態の醬油は、麦粉の粥、その他貧しい階級の人々の一品料理に見られるような、味の薄い料理に適当な味つけをし、また軽い消化剤ともなっている。日本では貧富貴賤の別なく、三度の食事の際いつでも醬油を用いる。われ

われの艦上でも、将校も水兵も樽詰めの醬油をよく使用したものである。(10)

日本酒とちがって醬油は外国人の間でもなかなか好評であり、初代駐日総領事だったラザフォード・オールコックもイギリスに帰国する時に醬油をシャンパン瓶五〇〇本に詰めたと著書で述べている。やはり保存性には問題があったようで、瓶に詰めてから煮沸したようである。しかし完全に煮沸すると、風味が損なわれてしまったと思われる。

第六章　手づくり醬油

民俗学者の瀬川清子は、昭和一〇年（一九三五）の年の暮れに、千葉県久留里近くの山村で、市場帰りの農家の主婦たちが申し合わせたように背中に醬油の一升樽を担いでいる光景を回想している。この時代、東京から遠くない千葉県の農村でも、ふだんの料理には味噌の溜りを使っていたが、正月の料理用には醬油を店で購入していたという。瀬川自身も、幼年時代に東北の田舎町で醬油をつくった思い出を語っている。(1)

『広益国産考』

江戸時代の農村において、醬油は買うものではなく自分の家でつくるのがふつうであった。大蔵永《なが》常《つね》の『広益国産考《こうえきこくさんこう》』（一八五九）も、「醬油はどこでも使わない家はない。諸国を見て回ると、他国からきたものを使っているところが多い。これはお金を借りて利息を払うようなものであるから、入用

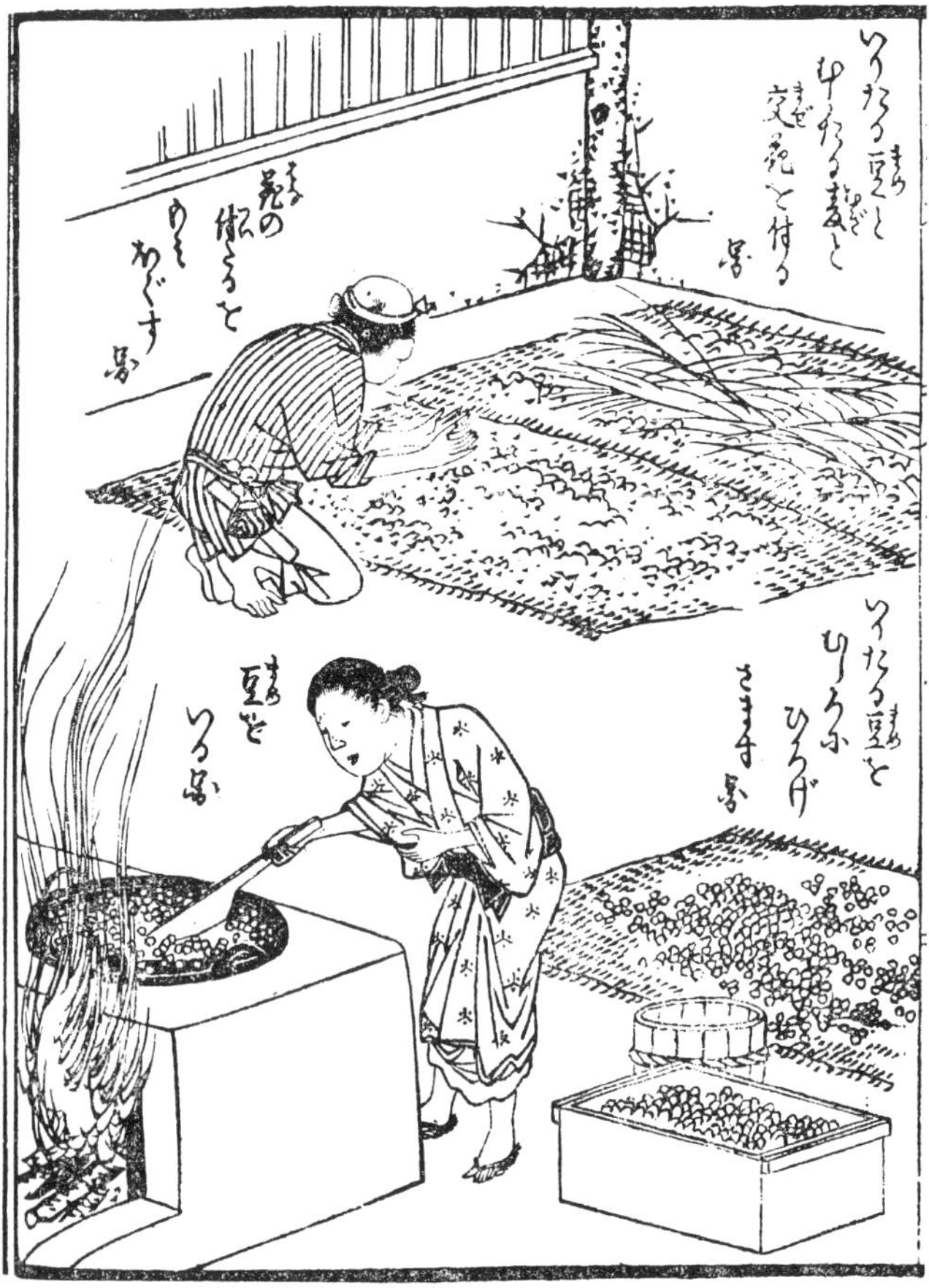

いりたる豆《まめ》とむしたる麦《むぎ》と交《まぜ》*花を付る図

花《はな》の付《つい》たるをもミほぐす図

いりたる豆《まめ》をむしろにひろげさます図

豆《まめ》をいる図

自家製醤油

醤油《しやういう》をまぜる図《づ》
かきまハしの図
三寸五分位壱寸《（いっすん）》
板ニてつくる
竹籠《たけかご》を入、中にた
まりたる醤油をく
ミとる図

出典：『広益国産考』

の分だけでも自分の家で造るようにしたいものである」と、農家は醬油を自家醸造して金を節約することをすすめている。(2)

同書が刊行された幕末はもちろんのこと、昭和になっても大抵の農家では醬油はめったに購入せず、一年分を自家醸造したものだった。つくり方もそれほどむずかしいものではなかった。農家の醸造法は、基本的に『広益国産考』と大きく異なるものではない。いずれもまず原料となる小麦を炒って臼で挽き、水に浸漬した後、やわらかく煮た大豆を冷ましてから合わせて莚の上に拡げ、寝かせてコウジカビを生やす。このとき種麴を振りかけることもある。

麴ができ上がったら桶に入れ、水と塩を加えて仕込みの開始となる。毎日のように竹棹でかき混ぜ、醬油ができ上がったら、簀《す》(竹製の籠)を沈め、浸みだしてくる醬油を汲み取るか、あるいは布袋に醪を入れ、重石をして搾る。

ふつう小麦は炒り、大豆は蒸すが、逆に小麦を蒸し大豆を炒ることもけっこう行なわれている。結果はあまり差がなかったようである。

農村では小麦や大豆は換金作物として重要であるから、つとめて節約し、かわりに大麦や裸麦を使ったり大豆のかわりに蚕豆《そらまめ》を用いることもある。呈味性はタンパク質に富む小麦や大豆に比べやや劣るようだ。

最初に「一番醬油」を汲み出した後、水と塩を加え、約一か月後に「二番醬油」を取ることも広く行なわれていた。味は当然一番醬油に比べて劣るが、一番醬油はなるべく節約し、ふだんの食事には二番醬油を用いた。最後に残った滓は牛馬の飼料や畑の肥料として無駄なく利用した。

各地の手づくり醬油

農文協が行なった聞き書調査で、日本各地の手づくり醬油の例を見てみよう。こちらも古老の聞き書をまとめ、昭和五年（一九三〇）頃の食生活を再現したものである。

事例①　香川県綾香郡綾南町小野[3]

大豆　一斗
小麦　一斗
塩　一斗
湯冷まし　三斗
合計　六斗

大豆、小麦、塩を各一斗、等量加えるので覚えやすい。水のかわりに湯冷ましであることを除き、製法は『本朝食鑑』や『和漢三才図会』の醬油に近く、昔から伝承されてきた手づくり醬油と思われる。

事例②　徳島県那賀郡木頭村（現・那賀町）[4]

小麦　一斗

裸麦　一斗
大豆　一斗
塩　一斗五升
水　三升
合計　七斗五升

事例①に似ているが、小麦のほかに裸麦一斗を加えている。大豆と裸麦はいっしょに炒ってから臼で挽いて粉にするが、小麦は炒らずに茹でるだけである。

事例③　高知県佐川町(5)

小麦（丸麦）　二斗
蚕豆（または大豆）　五升
塩　一斗
水　二斗二升
合計　五斗七升

大豆は貴重であるためか、かわりに蚕豆を使用している。

一般に醤油の塩濃度は二〇％弱、水分四〇％弱である。おかずとして広く使われた「金山寺味噌」の製法もほぼ醤油に近く、これに茄子、きゅうり、生姜などの野菜を漬け込んだものである。

長崎江島の醤油

今も醤油を手づくりしている所がある。九州本土と五島列島の中間あたりに位置する離島、江島《えのしま》（長崎県西海市）は、かつては捕鯨で栄えたが、現在は過疎化と高齢化が進んでいる。面積二・六平方キロ、人口二〇〇人弱の小さな島である。佐世保市からの連絡船も一日一回しか寄港しない。

二〇〇六年に雑誌に紹介された時点では、高齢化が進んで江島の手づくり醤油の伝統も絶えてしまうのではと危惧されていたが、(6) 貴重な醤油づくり技術はその後「江島農産加工センター」に伝えられ、現在は市販もされていることはうれしい。

梅雨が明ける頃に仕込みをはじめる。製法は、まず小麦を洗ってから蒸し、天日で二日間干す。大豆は釜で炊き、そこに干した麦を混ぜて寝かせる。ふつう小麦は炒るのだが、ここでは蒸している。五日ほどで麹ができ、これを天日で半日干した後に塩と水を加えて仕込む。

容器はかつて各家庭で使用されていた、一―二斗入りの瓶である。撹拌棒で毎日一〇〇回、一〇〇日間かきまぜるが、人の手で行なうから重労働である。竹でできた醤油籠を諸味の中に沈め、網目から浸みだしてくる液体を柄杓で汲み上げる。加熱処理をして殺菌し、一升壜に入れてさらに熟成させ、合計一〇か月間を要する。やや赤味を帯びた醤油ができる。市販されており、入手できる。

小麦を炒らない点を除けばその他の製法は市販の醤油とほぼ同じである。密造問題のやかましい酒とちがって、醤油は誰がつくってもよいのだが、たいへんな手間ひまがかかる。それなら市販品を購入した方が楽だということが、地方の手づくり醤油が消え去っていった理由なのだろう。
しかし、食品添加物など加えていない自然食品であることが、かえって今では人気を集めているという事例である。

ソテツ醤油

鹿児島県の奄美諸島は、きわめて特異な食文化をもつ島々である。島の食文化に関しては、幕末に薩摩藩で起きた内紛の結果奄美大島小宿村（現・奄美市）に流刑となった武士名越左源太《なごやさげんた》が、滞在中に島の衣食住を挿絵入りで詳細に書きとめた『南島雑話《なんとうざつわ》』（一八五五）が、文献の少ないこの地の食に関する貴重な資料となっている。

米はもちろん、大豆も庶民にはなかなか手が届かなかった奄美諸島では、主食はサツマイモであった。そのサツマイモさえ収穫できない飢饉の年には、有毒植物のソテツが毒抜きをして食用にされた。『南島雑話』には、この島は小麦が少ないゆえに大麦と大豆で醤油をつくるが、ここでは最上であるとの記述がある。分量は大豆六升、塩六升、水一斗二升。大豆は蒸し、麦は炒るが、麹づくりの際裏返した畳の上に青い藺草を切って並べる点が興味深い。

奄美諸島の調味料は味噌が主体であり、醤油を使えるのは裕福な家庭であった。それも明治、大正

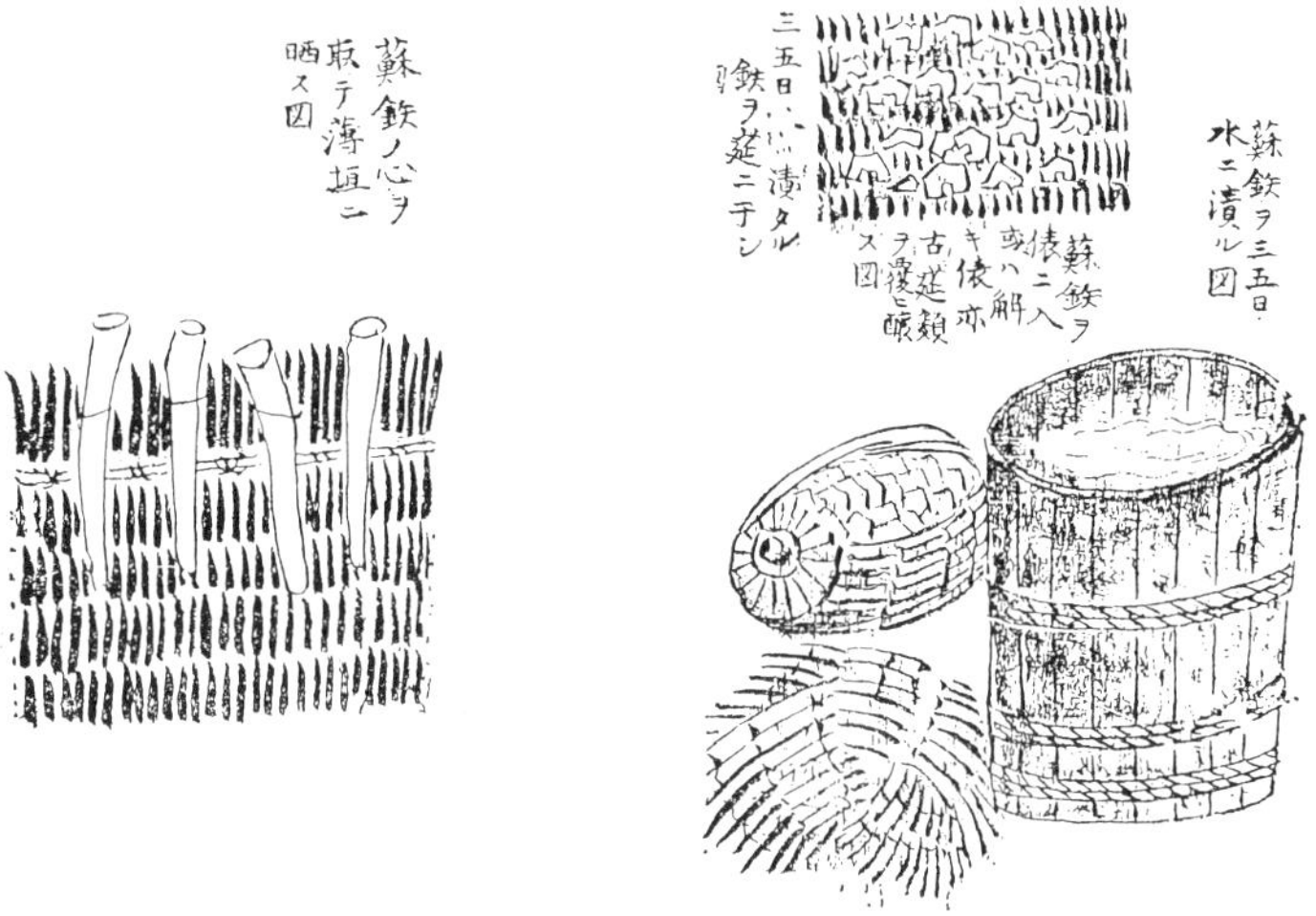

ソテツの毒抜き。名越左源太『南島雑話』

時代まではほとんど自家製だった。沖永良部島では、麹五升（小麦三：大豆二）を瓶に入れ、水六升に塩三升を溶かして仕込んでいる。約二か月後、もろみを漉して液とショウユヌミ（醤油粕）とに分け、液は沸騰させてから瓶に詰めた。このショウユヌミは野菜類、サツマイモ、魚、豆腐などにつけて食べるとおいしく、喜ばれた。また、さらに水と塩を加えて二番醤油もつくった。[7]

島には「ソテツ地獄」という言葉が残されている。台風のためサツマイモさえ実らない飢饉の年には、最後の手段としてソテツを食べることもあった。主に粥や味噌にした。

オレンジ色をした栗のように見える実は、そのまま食べると激しい中毒症状が出、ひどければ死に至る。実や幹にある毒は発酵によって分解することができるが、十分時間をかけなければきわめて危険である。ソテツ毒「サイカシン」は配糖体の一種であるが、分解過程で生じるホルムアルデヒドが人体に毒性を及ぼすと考えられる。麹をつくれば毒性は消失する。

鹿児島大学農学部の西田孝太郎教授は、ソテツ毒サイカシンの構造と毒性作用の研究を行なったが、著書『農産製造宝典』にはソテツ醬油の製造法も述べられている。乾燥後粉砕したソテツの種子一斗、大豆一斗、食塩一斗、水二斗を原料に、麹づくりと仕込みはふつうの醬油と同様に行ない、毎日一回攪拌する。仕込んでから三か月まではソテツ特有の不快臭があるが、以後はまったく消失し、次第に醬油特有の香気を放つようになる。仕込み後六か月で熟成するので、ふつうの醬油と同じく搾ってから火入れを行なう。

実際にはソテツ醬油はソテツ味噌ほどつくられなかったようだが、こうした離島においては、戦中戦後は本土よりきびしい食糧難に直面し、貴重な食料として、ソテツの利用法が真剣に検討されたのである。

第七章　中国の醤油

農業技術書である『斉民要術《せいみんようじゅつ》』（五三二―五四九頃成立）が書かれた六世紀前半頃には、中国の調味料は陸上動物の生肉を原料にする「肉醤」から、穀物を原料にする「穀醤」へ移行しつつある段階だったようだ。同書において「醤」とは、大豆と小麦を原料にした液体発酵調味料のことであり、一方「豉《し》」は、大豆のみを原料にする調味料を指している。

時代が下って、明代における中国の醤油の製法は、本草学者李自珍《りじちん》（一五一八―一五九三）の『本草綱目《ほんぞうこうもく》』（一五九六）に見られる。大豆を煮、これに「麺粉」（小麦粉）をまぶして混合し、麹をつくり、塩水を加えて仕込む。日本醤油との最大のちがいは、煎った小麦ではなく、生の小麦粉を使用していることと、甕を日なたに置き太陽光に晒すことだろう。

これは正確には醤油に近い「醤《ジャン》」であろうが、「豉《シ》」に似た食品は日本では東海地方の八丁味噌や溜り醤油、あるいは禅寺の発酵食品の大徳寺納豆や金山寺味噌として現在も姿を残したものもある。

清代の醬油

清代の醬油の製法に関する文献資料もそう多くない。『本草綱目』よりかなり後、寛政年間に長崎奉行であった中川忠英《ただてる》（一七五三—一八三〇）が編纂させた中国（当時の王朝は清）の風俗誌、『清俗紀聞《しんぞくきぶん》』（一七九九）に、他の飲食物や料理法とならんで紹介されている。[(1)] オランダ貿易ほど広く知られていないが、長崎には毎年多くの中国船も来航していた。同書は密貿易を取り締まり、長崎での貿易に一本化させるために編まれたという。作成にあたっては長崎の唐通詞（通訳）たちが動員されて中国商人に直接問いただし、多くの挿絵を入れて記述に正確を期した公的な紀聞となっている。しかし、当時長崎に来航したのは浙江、福建など中南部の出身者が多いので、風俗、文物の記述にやや かたよりがある。

調味料「醬油《ツヤンユウ》（以下発音は原書の表記による）」に関しては、同書「巻之四　飲食」に、酒、酢とともにその製法が記されている。それによると、大豆をよく煮て釜にそのまま一夜入れて置き、翌朝これを麦粉にまぜて莚にうつしひろげ、風の当らない所に三、四日ほども寝かせておき、黄花《きばな》（黄麴の胞子）がよくついた時に日に干し、壺に移し入れ、煮塩を入れ、よくよくかきまぜ、半月余を経てまた一遍煮返し、木綿袋に入れて搾り用いる、とある。原料配合比は豆麴一斤（一斤＝六〇〇グラム）、水七斤、塩四〇目（目＝匁《もんめ》、一匁＝三・七五グラム）となる。

別の個所に「漬物醬油」という項もある。こちらは大豆または黒豆を炒り、粉にして一升、麦粉二升五合と湯で混ぜ合わせ、餅のようにして薄く切り、蒸籠で蒸し、よくさまして莚に拡げ、その上を茅《ちがや》で覆いねかせ置き、黄花がついたら日に干し、花を払い落として細かく搗き砕き、壺に入れ、煮塩を入れて炎天に毎日干し、数度かきまぜ、一〇日ほど経て色合いが赤くなったらでき上がりである。原料に大豆、小麦粉、塩を使用する点は醬油と同じだが、大豆も蒸さずに炒る。

麴一斤につき塩四〇匁を入れるが、薄味にならないように加減する。

墁、鍋、など台所の道具類とならんで「醬缶《しょうこう》」の図があるが、おそらく日本でいう「醬油差し」なのだろう。

同書によると、麴の製法も日本の麴に近い。すなわち白米を淘浄《トウズイン》（研ぎ洗い）して蒸籠《チンロウ》か甑《ツエン》で蒸し、莚に拡げて茅で覆い、火室《ホーシ》に入れてねかせて置く。夏季は四、五日、冬季は一〇日ほどして黄花《きばな》が付いたら出して用いる。付着するカビは黄色い花がつくことから、コウジカビであると思われる。

大根、瓜、茄子、菜などの野菜を、塩をふって漬物醬油に一晩漬け食する。

同書で「醬油」を使う宴会料理として紹介されているのは、現在も珍味と賞玩される「熊掌《ヨンチャン》」（熊の掌煮込み）、「鹿尾《ロウイ》」（鹿の尾煮込み）、「魚翅湯《イイツウタン》」（鱶鰭の吸物）などである。他に、いりこの吸物、羊の煮込み、豚足の煮込みなども、酒と醬油で煮る。

まことに豪華な宴会料理のかずかずだが、日常の食事はかなり質素である。肉、魚、野菜などをとりまぜて煮、大碗に盛り、点心はない。朝食は粥に干菜、瓜漬け、干大根などを食べる。

清代の民家厨房と調理道具の数々

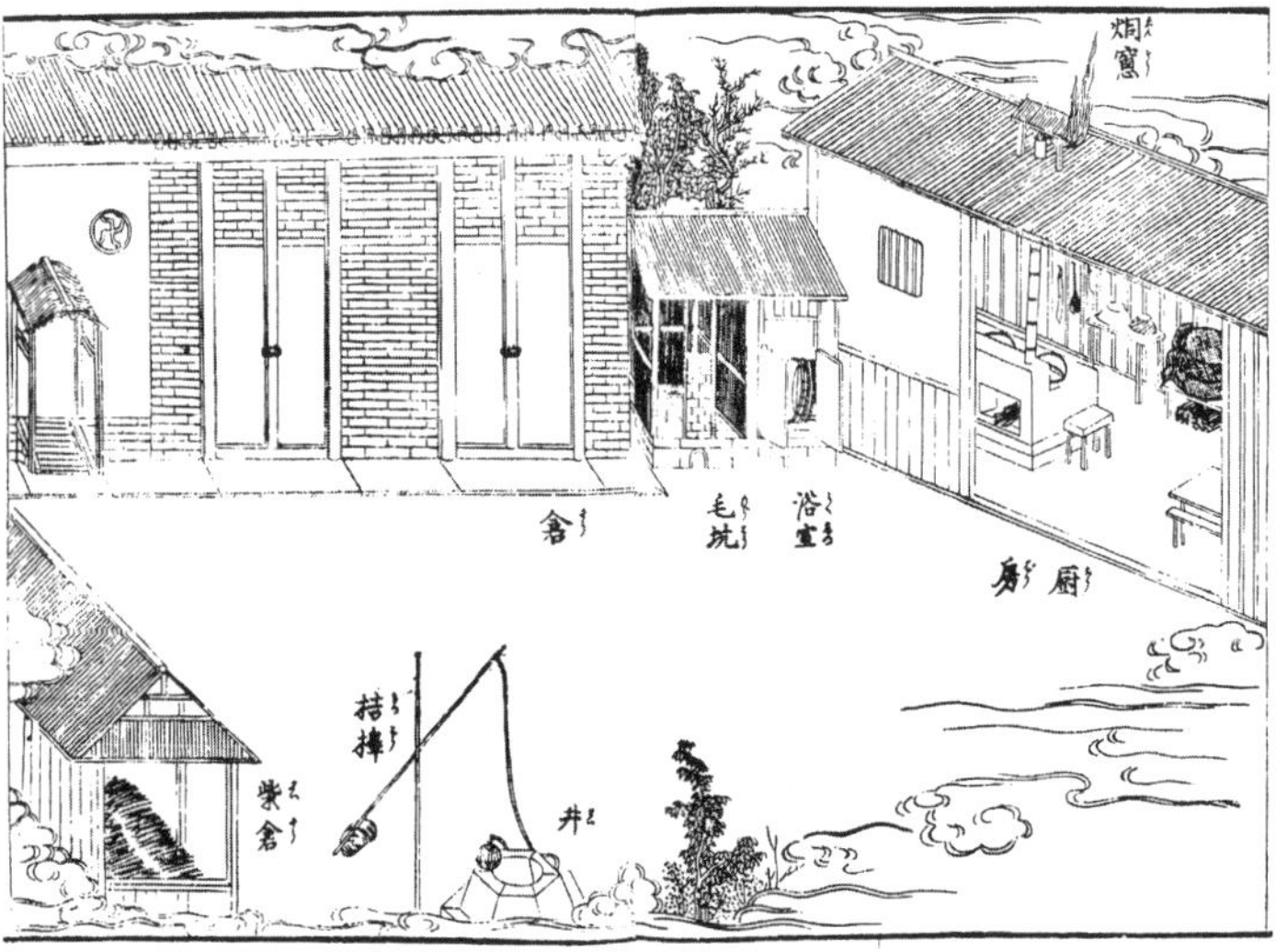

出典：中川忠英『清俗紀聞』巻之二，博文館，1894年，国立国会図書館デジタルコレクションより

また、浜納豆に関する記述もある。

「豆鼓《トウヅウ》」（和名　浜納豆）　大豆を蒸し、麦を炒り「磨子《モーツウ》」〔うす〕にてひき粉にして蒸し、豆一同に拌ぜ合わせ、むしろにひろげ、醤油・麴のごとくねせ置き、よく花のつきたるとき、煮塩をよくさまして、右麴を桶に入れ煮塩を入れ、よく浸《ひた》るまでに入れてまぜ合わせ桶に漬け、上に石を強く重しに置き、十日程経てまた煮塩を入れてまぜあわせ、元のごとく漬けて重しを置き五六十日経て用ゆ。もっとも三十日ほどして生姜《しょうが》を漬ける。生姜は皮を去り短冊のごとく細かく切り、薄塩に漬け置き、納豆仕こみて三十日ほど経て大なる桶にうつし、生姜を入れよく拌ぜ

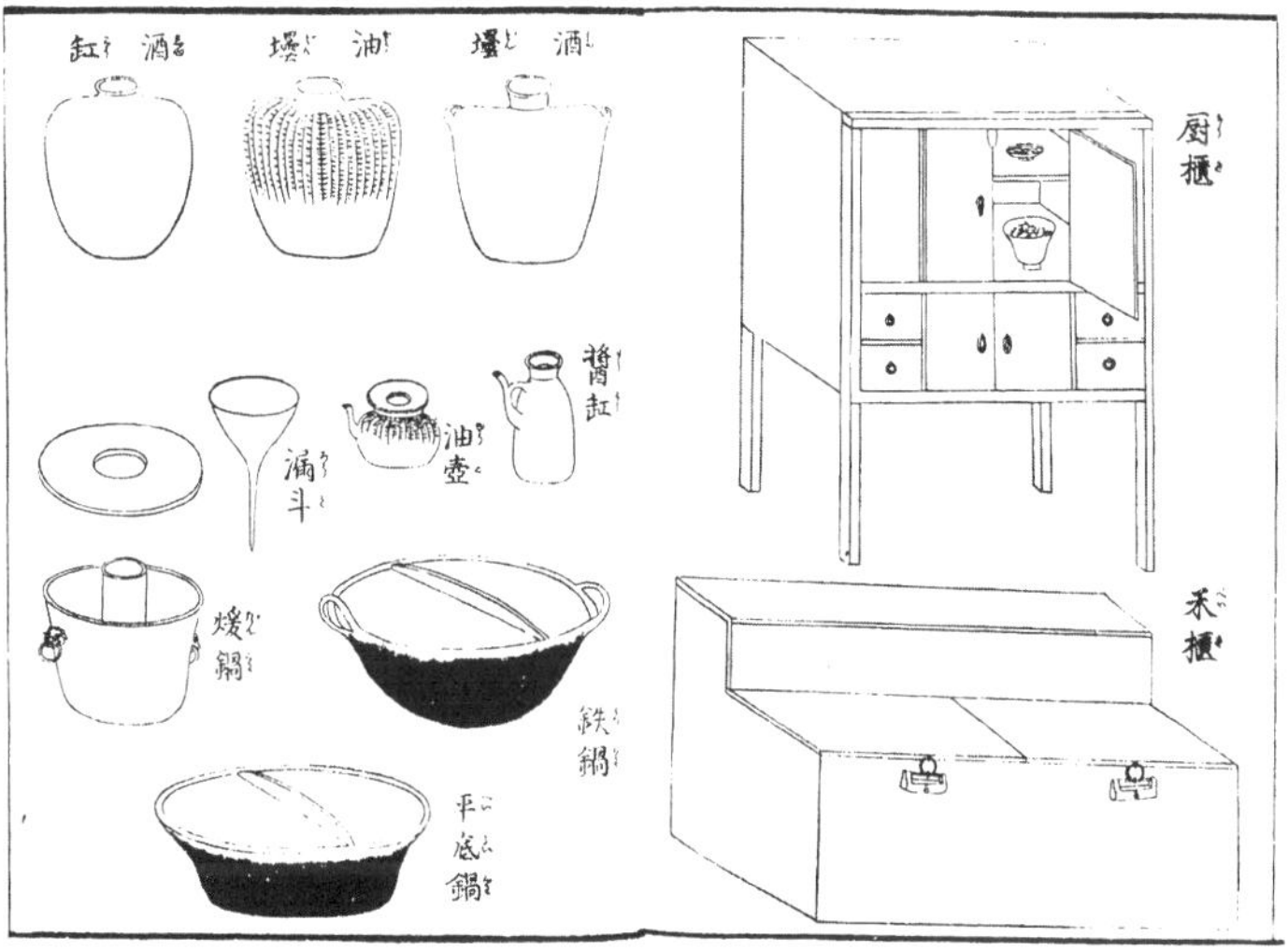

合わせて元のごとく桶に漬け置き重しをかけ置き、百日ほども続けて用ゆればもっともよし。配法は大豆一斗、大麦一斗、水一斗、塩二升六合なり。もし煮塩をまぜ合わするとき塩残りたらば、そのまま置きて十日ほど経て、またこれを入れまぜ合わせ、また残りたらば同じくこのごとくして入れ畢《おえ》るなり。一同に入れて緩《ゆる》くなりては宜《よろ》しからず。しめりの廻るまでにして度々にいれるなり。(2)

第三章で言及した浜納豆は、静岡県浜名湖畔の大福寺がはじまりと伝えられ、いわゆる「寺納豆」の一種である。公卿山科言《とき》継《つぐ》も、駿府に滞在した折に製法を伝授されている。大豆を煮て小麦粉をまぶす（『清俗紀聞』では大麦を使用、野菜には生姜を加えている）。塩辛い「鹹豉《かんし》」である。

満州の醤油

日露戦争（一九〇四―一九〇五）後に設立された日本の国策会社「南満州鉄道株式会社」（略称・満鉄）は、関東州大連市に本社を置いた。本業は鉄道であるが、併設された満鉄中央試験所は規模も大きく、当時の満州におけるあらゆる産業の研究調査を行なった。いわば今日のシンクタンクのはしりといえる。恵まれた研究環境と高給に憧れ、日本内地から多くの優秀な研究者、技術者が海を渡って職を求めた。

当時満州の主要産業であった高粱酒の発酵に関する研究を行なった斎藤賢道も満鉄中央試験所に在籍したが、後に大阪高等工業学校（現・大阪大学工学部）が設立されると、醸造学科の初代教授として日本に戻り、醸造学の重鎮として活躍した。

農産品の分野では、満州特産の大豆から油を搾ったり、醤油醸造など、主要産業の研究調査が行なわれている。中国の醤油に関して中島巌は、早くも大正八年（一九一九）に『満鉄中央試験所報告』第五輯に報告しており、日本人が近代中国醤油を紹介したものとしてはもっとも早い部類に入るだろう。その内容を見てみよう(3)。

醤油醸造業の調査は、満鉄沿線で比較的大きな規模を誇った奉天（現・瀋陽）第一監獄習芸所醤油

満鉄中央試験所。『満洲写真帖』南満洲道株式会社，1929年，14頁

工廠、奉天東門外大同公司、長春三馬路大通公司などで行なわれた。しかし、年間生産量はいずれも五〇〇石内外であり、すでに一万石を超す規模の業者もあった日本の醬油工場に比べればかなり小さかった。

中国の醬油は一般的に南方産のものが高品質とされていた。万里の長城山海関の東側（関東）に位置し、漢人は少数派だった満州では、上海、浙江省方面から技術者を招いて醸造を行なっていた。したがって中南部の技術が伝わっていたと思われる。

中島は中国の醬油の特徴として、

・露天に置いた甕の中で醸造されること。
・原料の一部、小麦粉が生のままであること。
・食塩ならびに水を集約的に用いること。
・製品に火入れをしないこと。

の四点を挙げる。以下順に見ていくことにしよう。日本産とのちがいが興味深い。

①原料　原料は日本醤油と同じく、大豆、小麦、水である。大豆と水は特別なものではない。小麦は炒っていない生小麦粉（中国語では麵《ミエン》という）のうち色が純白でない中等品を使用する。食塩は天日製塩したものを水溶液にして用いる。大豆を鍋に投入して十分に煮、指でつぶせる程度のやわらかさにする。小麦粉と混ぜると表面に付着して、あたかも白い五色豆のようになる。これを麴にする。数日経つと、自然に付着した菌類の胞子が増殖をはじめる。

②麴づくり　日本のように保温した特別の麴室はないため、麴づくりは時期が限定される。旧暦三月から七月、地域によっては九月頃までの温暖な気候を選んで製麴《せいきく》を行なう。竈《かまど》に近い温かい場所に一〇数段の棚を設け、大豆と小麦粉を混ぜたものを直径三尺程度で周辺が高くなった柳製の笊に入れて棚の上に並べる。

数日たって発熱してきたら、笊の内容物を攪拌したり、棚上に置いた笊の位置を上下に積み替えたりして、麴菌が均一に増殖できるようにする。これは日本の麴室における「積み替え」と同じ操作である。数日後完全に乾燥したら、塩水と混ぜ仕込みを行なう。

種麴は使用せず、常に温度、湿度の調節に留意しなければならないから、麴づくりは熟練した経験者でなければよい成果は得られない。麴は、胞子がよくつき、日本の緑色五色豆のような外観になったものを最上とする。成績不良であると黒色、赤褐色などが混じる。

③仕込み　麴を仕込むには、露天に並べた甕に適当に砕いた麴を投入し、十分詰めた後塩水を加える。塩水の量はおおよそ麴の量と同じで、間隙を満たす程度でよい。容器は容量約一石の甕である。

仕込んだら、晴天の日中は陽光のもとに開放し、夜間もしくは雨の日は蓋を施す。蓋はちょうど菅笠のような円錐状で、材料は茅、表面は紙張りで、耐水性塗料を塗る。

④諸味の熟成　諸味の内容物は次第に消化されるが、加える水の量が少なく、攪拌が困難であるので、発酵は均一に進行しない。したがって何度か容器を替えて攪拌の目的を達する。

直接光に当たる部分は濃褐色に変色するので、何度か手を入れて上層を攪拌する。このようにして夏を越すと諸味は熟成する。春に仕込んだものは秋以後に販売できるが、秋に仕込んだものは翌年秋以降になってはじめて製品として出荷することができる。市中の醬油屋の看板にしばしば「三伏晒醬」「伏醬」とあるのは、土用を過ぎた発酵の良好で熟成が完全な醬油を意味する。

麵醬《メンジャン》

下等品の醬油をつくる際に用いる麵醬は次のように製造する。まず小麦粉を水で捏ね、円盤状におしひろげて蒸籠の上で蒸した後、製麴する。ここまでは先の麴づくりと同様である。でき上がった麴は醬油と同じように日光で乾燥した後に適当な大きさに砕いて甕に入れ、食塩水とともに仕込んで発酵させる。

でき上がった麵醬は日本の「鉄火味噌」のような濃褐色をし、粘り気があり、甘味に富み、味もよい。甘いのは小麦粉の主成分が糖化されたからである。

麵醬は醬油の加工品のほか卓上の嘗め物、あるいは調味料としても使用される。

精製

こうして熟成させた諸味は、熟成させた麵醬とともに屋内へ移し、食塩水を混ぜて汲み取りやすくして、数日後圧搾する。

圧搾法は日本のそれと大同小異である。槓桿《こうかん》(「てこ」のこと)は、日本の槓桿のように長くはなく、ちょうど門扉を開閉する仕組みに似ている。

一方諸味を入れて搾る袋は細長い絹紬製で、一枚ごとに口を絞る。袋を積み重ね、液体を流出させる。搾った汁は「母油《ムーユー》」と称し、日本の「生揚《きあ》げ醬油」に相当する。好みにより「焼糖」「糖色」と称してカラメルで着色することもあるが、日本産のように「火入れ」を行なうことはない。

下等品の製造法

中国における下等品のつくり方は日本の「番醬油」と同様である。最初の搾り粕に食塩水を混ぜて数日間露天の甕に入れておく。

熟成した諸味、母油の搾り粕、食塩水を混ぜて甕におさめ、露天に晒して、二等品、三等品をつくる。それをさらに圧搾すると最下等品となる。

「母油」(一等品)、「太油」(二等品)、「丁油」(三等品)、「豆油」(四等品)がつくられるわけだが、価格は品質に比例する。母油の搾り粕は磨砕して味噌として調理用に、最下等品の搾り粕はそのまま、あるいは乾燥して豚の飼料や肥料に用いるなど、まことに無駄なく利用される。

分析結果を日本産と比較すると、中国産の優良品ははるかに濃厚で、食塩濃度は低く、逆に糖分が多い。香気は著しく異なる。実は日本人はあまり感じないのだが、昔から欧米人に嫌われる臭いがある。口径の大きな皿状の容器に醤油を入れると芳香と感じられるのに、罎のような細口容器に移すと不快な臭気になるという。一方中国産の香気は低く、皿状の容器ではほとんど無臭であり、細口容器では葡萄酒のような香気と感じられるため、欧米人は中国産の方を好むという。日本の醤油には微量のアルコールや多量のエステル類がふくまれるためと考えられる。

農家の醤油についても触れている。旧暦九月頃に大豆を煮てレンガ状の塊とし、竈近くの暖かい場所に放置しておく。日本の玉味噌、八丁味噌のようなもので、やがてさまざまな微生物が表面に増殖し、自然に麹になる。翌年春の清明節の頃に塩水中に仕込み、三か月して汁を搾る。日本の溜り醤油にそっくりである。仕込み水の量を多くし、櫂入れして攪拌し熟成を促し、また搾り汁には麵醤を用いずに大麦のもやし（麦芽）で粟（小米）の水飴をつくって加工用として供する、あるいはういきょうその他を用いて香味を付けることも行なわれていた。

この時代の中国醬油に関する技術資料はあまりないので、この報告はきわめて貴重といえる。著者の中島巌が調査を行なったのは大正七年（一九一八）の初夏であった。大正九年にはさらに香港以南の醤油調査も行なった。ところが、満鉄ではこの時期に職制改革によって中央試験所醸造課は廃止され、同氏も退職せざるをえなくなり、せっかくの貴重な資料は廃棄されて、その後調査報告が刊行されることはなかった。戦後もかなり年月がたった昭和三四年（一九五九）に周囲の研究者からの要請もあって中島が書き直し、「昔の中国醤油」と題して『日本醸造協会雑誌』に掲載された(4)。以下は同氏の報告による。

中南部の醤油

江蘇・浙江地方

中国における銘醸地は浙江省銭塘江周辺でその中心は紹興である。原料は南京対岸の浦江大豆を、小麦と塩は地廻りのものを使っていた。麴室を二階に設ける点が日本の溜麴に似ている。麴は莚や木製の麴蓋ではなく、直径一三〇センチくらいの竹製の「笸箕」を棚に置いて使用し、上下段の間隔は二〇センチくらいだった。竹製の箕は、台湾の醸造業でも広く使われた。製麴は旧暦三月から八、九月頃までに行ない、「出麴」までには一〇日間前後を要した。麴は天日に晒してから甕に仕込むが、上にかぶせる蓋も竹材である。

香港・広東地方

温暖な気候なため年中仕込みは可能だが、雨期の二、三月は休む。高級品の醬油は、大豆（満州産の黄豆）、白麵（小麦粉、地廻りまたは上海品）でふつうに麴をつくり、別に「烏豆」（満州産の黒色大豆）の煮汁に食塩を溶かしておいて、両者を甕に納めて二、三か月天日にさらす。浸出液を笊様のもので抽出し、天日で二年間くらい置くと、濃い褐色で粘度の高い最高級品が得られる。烏豆の煮汁を取った際の固形物に塩を加えたものは「塩豉」として販売する。最高級品の多くは五〇〇斤、または七〇〇封度（ポンド）入り西洋風の新樽に納めてロンドン、ニューヨークへ出荷する。香港の業者の説明ではウースターソースの原料にするという。高級醤油の食塩含量は少なく、その分有機物が多い。抽出を終えた残渣にふたたび塩水を加え、再度数か月天日にさらし、抽出液を分け二級品として出荷する。この工程を繰り返して何種類かの製品をつくる。

漢口地方

つくり方は日本の溜り醤油に似ており、多くは小麦粉を使用しない。広東地方に似て圧搾用の設備はなく、竹材製の細長い笊を常に諸味中に挿しこんでおく。

満州醤油は中南部の影響を受けている。製法は浙江式が主流で、杜氏も浙江人が多い。冬の寒さがきびしいので、長春以北では冬に諸味が凍結する。竹が自生しないため、柳や茅をアンペラ（莚）に使用する。

その後の満州醤油

昭和六年（一九三一）の満州事変後に日本がいわゆる「満州国」を建国すると、在満日本人の数は民間人二七万人、軍人五万人へと急増した。それにともなって醤油の需要もふえ、満州における醤油生産量は昭和一五年（一九四〇）には四七工場で年間五万二〇〇〇石にも達した。それでも足りない分は、内地からの輸入によってまかなっていた。

一方、中国産は自家用としてつくられることが多いため、工場で製造、販売される量は少なく、昭和六年の時点では七六五八石にすぎなかった。

醤油の原料である小麦と大豆のうち、大豆はもともと満州が原産地といわれるだけに供給に問題はなかったが、食塩は一〇〇斤（一斤＝約六〇〇グラム）につき六円三〇銭という法外な税金が課されていた。食塩の税収が満州国の財政で大きな割合を占めていたからである。

『満州国醸造業調査書』(5)において、中国醤油の代表とされる奉天（現・瀋陽）市の八王子啤酒汽水醤油公司の製法を見てみることにしよう。原料は日本産と同じく、大豆、麵《ミエン》（本来は小麦粉のこと）、食塩である。

①製麴《せいきく》　蒸煮した大豆と生の麵を洗濯たらいのような容器に入れ、よく攪拌して約一石入りの木桶に貯える。その後は竹平《チューピン》と称する直径八〇センチくらいの竹の笊上に原料約四五斤を盛り、棚が二〇

段もある棚に上げて、約六日間製麴する。

②仕込み　諸味のことを中国語で「坯《ハイ》」というが、先の原料一〇〇斤、食塩三〇斤、汲水約六斗（日本升）を約一石三斗入りの瓦甕に入れる。中国産の特徴は、これらの甕を屋外に放置して、陣笠のような蓋をかぶせることにある。春に仕込み、でき上がるのは翌年の秋、約一年半を要する。

諸味を搾るには、図のような「てこ」の原理を応用した圧搾機を使用する。日本の番醬油同様、諸味を搾った後の液体や粕を何度も利用するさまざまな製品があるのは興味深い。

ここで醬油の品質は上等な方から醬油、丁油、太油、母油、特油、套油の順になる。原料配合比は表のとおりである。まず「坯」を圧搾して「醬油」を得た後、醬油を原料にもう一度坯を加えて「丁油」を得る。粕が残るのはここまでで、以下「丁油」に坏と「麵醬」を加えて「太油」「母油」「特油」を得る。麵醬とは大豆を使用せず、小麦粉と食塩のみを原料としたものである。最後の「套油」になると、粕と塩水だけでつくる。

そもそも満州は大豆の原産地であるから、大豆を原料にした醬油の本場だと主張する向きもあるが、ずっと後年まで漢人の居住が少なかったので、中国中南部の食文化の影響を受けていると考えるのが自然であろう。

醤油搾り器

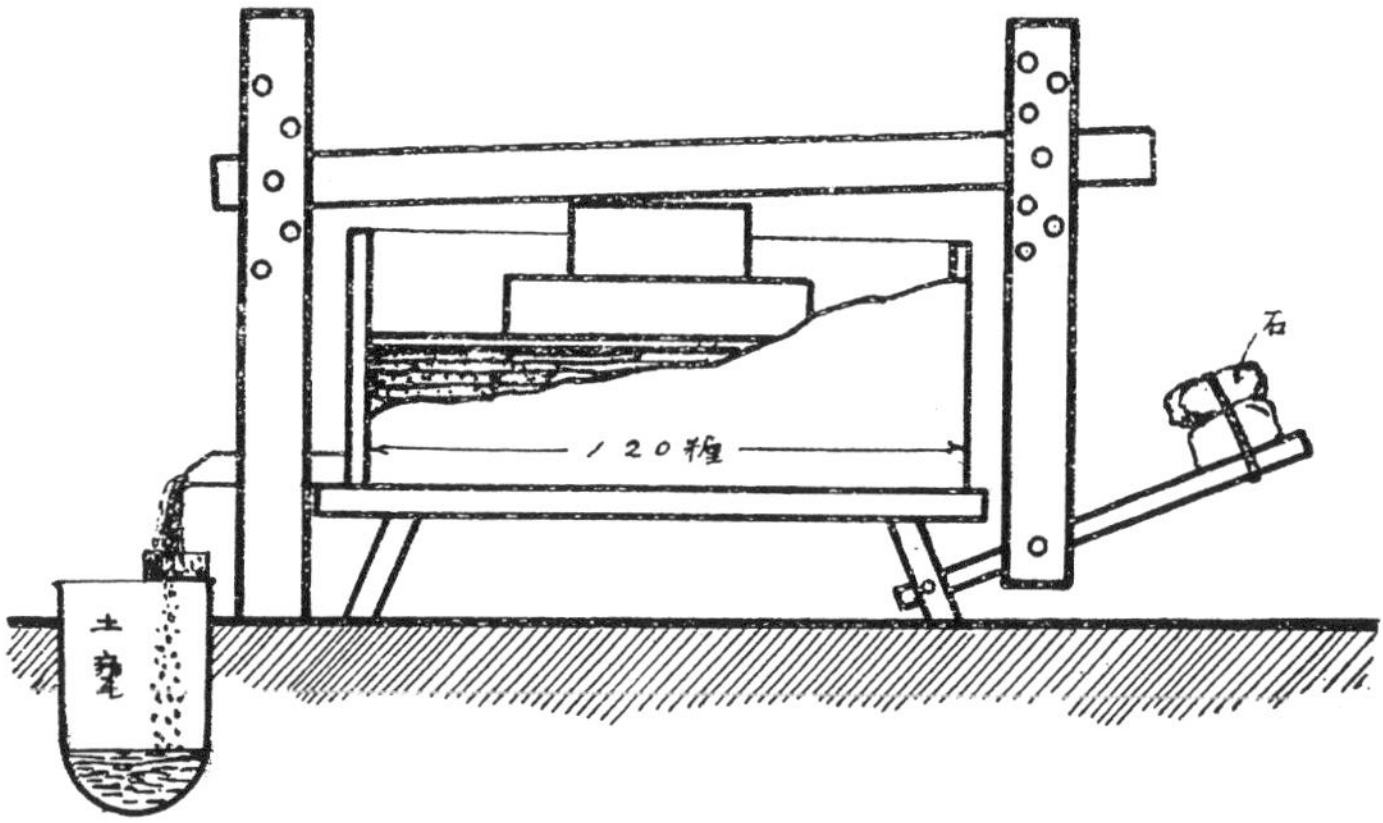

出典：満州国財政部編『満州国醸造業調査書』1934年，315頁

満州醤油の原料配合比

製品	調合原料
醤油 500 斤，粕 320 斤	坏 320 斤，塩水 500 斤
丁油 500 斤，粕 320 斤	醤油 500 斤，坏 320 斤
太油 500 斤	丁油 500 斤，坏 220 斤，麺醤 100 斤
母油 500 斤	丁油 500 斤，坏 180 斤，麺醤 140 斤
特油 500 斤	母油 500 斤，坏 100 斤，麺醤 220 斤
套油 500 斤	粕 320 斤，塩水 500 斤

台湾の「蔭油」

蔭油《インユ》とよばれる台湾の醬油は、最近は日本でも購入することができる。もう一〇年以上前のことだが、筆者も醬油工場を訪れる機会があったので、ここに紹介しよう。

片岡巌著『台湾風俗誌』（一九二一）[6]は、日本が領有してからあまり年月が経っていない大正初期の台湾の風俗について述べているが、対岸の福建省、広東省など中国南部の影響を強く受けている。同書第七章「台湾人の食物」の中に台湾の醬油に関する記述がある。それによると醬油はさほど手間をかけずに各家庭で自家用としてつくることが多く、買い求める者は稀という。執筆当時は日本産も移入され、島内においても製造がはじまっていた。

台湾産の特徴は、大豆ではなく烏豆《うず》（オオトウ）という小粒の黒豆を主原料とし、これに米、小麦などを混ぜることである。当時は小麦価格が高騰していたので、小麦粉で代用することが多かったが、味が劣った。

黒豆を蒸籠で蒸し、小麦粉を混ぜ、篏壺《カムオオ》という直径四尺ばかりの浅い竹笊に移し、薄く拡げ、笊を数枚重ねて置く。気候が温暖な台湾では、特別に麴室を設ける必要はない。この大笊は、酒など他の台湾の発酵食品づくりにも広く使用されていた。

約一週間すると黒豆の外側にはカビが生じ、麴となる。こうして麴ができたら、塩と水を適当に混

台湾蔭油の製法

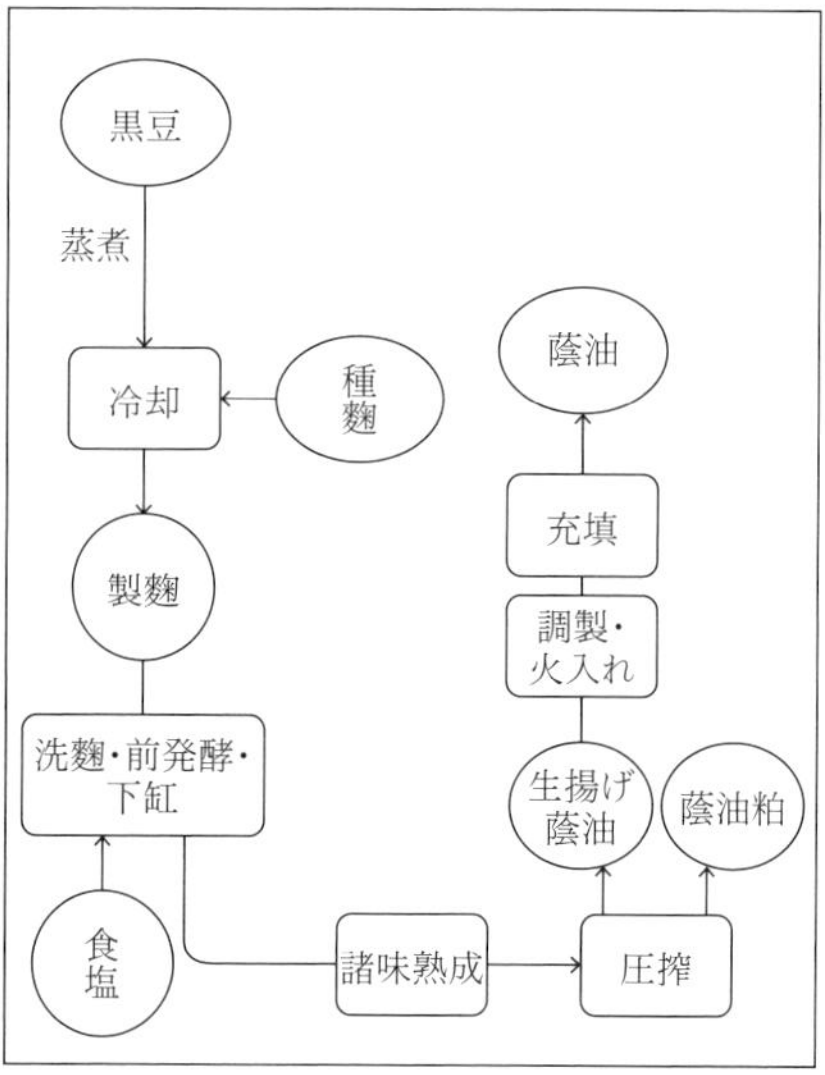

ぜて大きな甕に入れ、上から蓋をし、泥で目張りをして屋外に出し、日光に曝す。夏は二〇日、冬は四〇日程度で発酵し諸味をすくい上げて醤液を取る。諸味を圧搾して醤油を取る日本の醤油とのちがいは、「したむ（しずくをたらす）」ことであり、諸味を笊に上げ、たれてくる醤液を集めるのである。本島人は「抽油《チウユウ》」といい、油を抽《ぬ》くという意味である。日本の一番醤油に相当するが、味がもっとも良く、火入れして売り出す。

　諸味粕に適度に水を加えて煮沸し、竹笊で漉すとまた醤液が得られるが、これを「二番醤油」という。本島人がふだん用いるのは多くは二番醤油であり、一番醤油は特別の料理でなければ使わないという。日本のように搾らないので、原料の豆は形が損なわれない。これを醤油粕の意味で、台湾語で「豆晡《トウボウ》」という。副食物としてそのまま、または豚肉、豆腐、野菜と混ぜて煮て食べるが、風味は悪くない。

　台湾の味噌の製法は醤油とあまりかわらない。ただこちらは黒豆ではなく「白花豆《ペエホエトウ》」という白豆を使用する。発酵したら取り出して石臼で摺って販売する。味噌を食べるときは胡麻、はんきょう、胡

台湾の蔭油づくり。黒豆と食塩を竹笊の中で混ぜる。2007年，台湾雲林県西螺鎮丸荘食品工業股份公司にて筆者撮影

椒などの薬味を混ぜる。台湾の漬物の多くは味噌を用いる。漬物の材料を甕に並べ、味噌で覆う。交互に重ねて数日おくとでき上がりである。

台湾醤油

日本式の醤油の製法は、日清戦争の結果、日本が台湾を領有することになった明治二八年（一八九五）以降に入ってきたとされる。それ以前は黒豆を原料に製造する醤油が主だったと思われる。日本酒も同様だが、外地で生活しても容易に食習慣を変えなかった日本人は、醤油も現地で製造するようになった。

日本が太平洋戦争に敗北した昭和二〇年（一九四五）、台湾は中華民国に復帰した。やがて中国大陸における国共内戦を経て国民党政権の下、「中華民国台湾省」となった。こ

蔭油の甕。表面には固まった食塩と簀が見える。筆者撮影

の小さな島に暮らす大陸出身者は約二〇〇〇万人にも達し、酒も調味料も再び中国式が主流になった。煙草と酒は日本統治時代からの専売制度が継続したが、醬油は専売ではなく、多くの民間企業が参入した。一九七六年には台湾全土で実に四〇〇以上の工場が存在したが、[7]やがてその中から「味王」「味全」「金蘭」などが大メーカーとして擡頭してきた。

醬油の原料となる大豆は、台湾産だけでは到底需要をまかなうことができなかったので、主に米国産輸入大豆が使用された。そのほとんどは丸大豆ではなく、脱脂大豆である。製造工程でも小麦は炒ったり、出荷前に生揚げ醬油に火入れをするなど、日本式に近い製法であった。

醬油生産量の約八〇%を台湾産が占めていたが、肉料理に用いる伝統的な蔭油も南部を

屋上に並べられた蔭油甕。暑い台湾の夏でも甕は屋上に置かれている。筆者撮影

中心にまだかなりつくられていた。原料の黒豆は南部屛東地方で生産されていたが、不足分はタイから輸入した。黒豆は粗脂肪を一一・五％、粗タンパク質四〇・五％、糖質一一・五％をふくみ、タンパク質はむしろ大豆より多く、加水分解すればアミノ酸含量の多い調味料になることが期待できる。

つくり方は、黒豆を丁寧に洗って水に浸けたら加圧蒸煮する。その後竹の笊上に拡げ、冷まして、乾燥させる。炒った小麦粉を加えて混合後麴菌を接種する。醬油とのちがいは、かび臭と苦味を減らすためにその後で黒豆を水で洗浄することである。

食塩を加えて諸味を陶器の甕に入れ、屋外で発酵させる。屋外で発酵させるのは中国の伝統的な製法によっている。諸味の圧搾、ろ過、火入れを経て蔭油となる。

・**壺底蔭油**　甕の底にたまった蔭油を集めて加熱、ろ過したもっとも高級な蔭油であり、わずかな量しか取れない。

・**高級蔭油**　壺底蔭油を取った残りの諸味に少量の水を加えて攪拌、黒豆の成分を抽出し、ろ過して得られる蔭油を煮沸、塩分を調整する。あるいは少量の糯米の粉乳を加え、火入れして製品とする。

・**普通蔭油**　さらに高級蔭油の粕に少量の水を加えて煮る。布袋に入れ圧搾、得られた汁の塩分を調整し、そこに糯米の粉乳を加えて煮る。

日本の番醬油同様、原料を有効に利用しようとするのはいずこも同じである。当然ながら壺底、高級、普通の順で品質もアミノ酸含量も低下する。この蔭油とは別に、黒豆と麴菌だけでつくる古くから「豆豉」とよばれる発酵食品も存在した。

戦後は中国のあらゆる地方から人が集まった台湾では発酵食品もさまざまあり、日本の豆味噌に相当する「豆醬」「豆弁醬」「甜麵醬」のほか、豆腐を発酵させる「豆腐乳」「臭豆腐」などが現在もつくられている。

現在、台湾では大豆の醬油と蔭油の両方が生産されているが、主体は大豆の醬油である。台湾における醬油の定義は、中国国家標準（CNS）総合四二三類号N5006によれば、「植物性タンパク質を用いて発酵、熟成させたものに食塩、糖類、アルコール、調味料、保存料などを加えた調味液」とされる。以下のような種類がある。(8)

・**一般醤油**　原料は大豆、小麦、食塩。甲級品、乙級品、丙級品のランクがあり、総窒素量、アミノ態窒素、総固形物はこの順に減少する。

・**黒豆醤油**　原料は、黒豆、小麦、米など。これも甲級品、乙級品、丙級品のランクがあって、総窒素量、アミノ態窒素量、総固形物量はこの順に減少する。

・**醤油膏**　固形物を除いた甲、乙、丙を区分する。総窒素量、アミノ態窒素量は一般醤油と同じ。「膏」の字が示すように、蔭油、壺底油などは粘度を高める増粘剤を添加する。

・**淡色醤油**　甲、乙、丙の区分はなく、波長五五五ナノメートルにおける色が濃くなる。

・**薄塩醤油**　甲、乙、丙の区分はないが、食塩濃度は一二％以下である。

一九七〇年代のレポートによると、一般醤油はつくり方によって、本醸造醤油、アミノ酸醤油、両者を混合したアミノ酸液混合醤油があるが、日本の技術にきわめて近い。一部の高級品を除いて丸大豆ではなく脱脂大豆を使用し、小麦も生ではなく焙炒している。新式二号醤油も日本と同じく脱脂大豆を塩酸加水分解した後に中和し、麩麴に加えて搾り、生揚醤油とする。

雲林県の蔭油

台湾最長の川である濁水渓《だくすいけい》流域の平原を「嘉南平原」とよぶ。豊富な水と肥沃な土地、温暖な気候と湿度に恵まれた中部の農業地帯であり、古くから各種食品工業が発展してきた。雲林県西螺鎮には何軒もの醤油メーカーがあって、今も蔭油が伝統的な技法で生産されている。筆者も一度訪れたことがある。濁水渓の西螺大橋に近い延平老街は、夏の暑さを避けるため、一階を歩行者の通路にした古い街並みが続く、のどかな田舎町である。

日本統治下の明治四二年（一九〇九）、荘清臨氏が設立した「丸荘醬油」は、太平洋戦争中の昭和一六年（一九四二）に「虎尾醬油工業株式会社」と改称し、次第に声価を高め、現在では「丸荘食品工業股分有限公司」として台北市にも店舗をかまえている。

黒豆蔭油の製法は一六四頁に示したとおりである。原料黒豆は洗浄、浸漬後蒸煮、冷却する。麴室に入れて種麴を加えてよく混ぜ、七日間製麴を行なう。麴を盛るのは昔から台湾で発酵食品をつくるときに使われてきた大きな竹製の笊で、これを一〇段くらい積み重ねる。製麴の次に麴を洗う「洗麴」という作業をするのが蔭油の特徴で、苦味、カビ臭を除去するのが目的である。

粒の大きな荒塩を加えて甕に入れ、四—六か月間甕を工場の屋上に並べて発酵させる。その後圧搾して得られる液体が「生醬油」で、これに副原料を加え、蒸煮、沈殿、ろ過した上澄みが「蔭油清」となりさらに糯米粉乳を加えて煮たのが「普通蔭油」である。伝統的な技法は原料タンパク質の利用効率が低いのが欠点であり、最大六〇％程度にすぎないという。

もう一〇年以上も前になるが、筆者も西螺鎮にある丸荘食品工業の工場を見学させていただいたことがある。そこで感じたのは、今は大手メーカーは精緻な温度管理を行なうのがふつうだが、本来発酵食品はこうしたやり方でつくるのだろうということだった。鹿児島県の壺酢や、ジョージア（旧グルジア）のワインも、屋外で発酵させる。丸荘食品ではかなり古い工場の屋上に甕を並べ、加える食塩もきわめて大粒の荒塩である。蓋こそしてあるが、甕は屋外に放置されているので、温度もお天気まかせである。かんかん照りと雨が多く、湿度も高い台湾の夏には、甕の内部温度も相当上昇することだろう。

大豆のかわりに黒豆を原料にする「蔭油」は、現在も伝統的な方法で製造されている。蔭油は黒豆を主原料にするが、今では台湾産の黒豆が不足し、足りない分はタイから輸入している。

黒豆は洗浄、蒸煮した後、莚の上に拡げて乾燥させ、種麴を加えて麴をつくる。気温の高い台湾らしいと感じるのは、日本の小さな木製の麴蓋ではなく、大きな竹製の笊を使用することである。五日程度でコウジカビが増殖し、麴ができ上がる。

でき上がった麴を洗うのが蔭油の特徴である。大きな竹籠を流水に漬け、手早く攪拌して表面のコウジカビ胞子をあらい落として乾燥する。洗った後に発熱させるが、温度は四三度を超えないようにする。

その後黒豆に対して三〇—三五キロもの食塩を加えて甕に仕込み、日当たりのよい場所に甕を並べる。甕の内部温度は最上部で四二—四三度、中心部、底部では三五、六度になる。

さて、日中の大豆発酵食品についてであるが、『和漢三才図会』巻第一〇五「造醸類」では、大豆豉として淡豉《たんし》、鹹豉《かんし》、豉汁《しじゅう》の順に記しているが、この部分はいずれも『本草綱目』穀の四、大豆豉の原文をほぼ引き写したものである。(9) 豉汁も一旦でき上がった豉に塩、水、野菜類を加えてつくり、溜り醬油、金山寺味噌とは別物である。

次の「納豆」の項は、「豉」の製法から進化したと考えられる寺納豆（浜名納豆、唐納豆など）に関する記述で、これが本来納豆とよばれていた大豆発酵食品である。現在われわれが納豆とよぶものは、当時は「未醬《みそ》納豆」といい、納豆の項の最後に登場する。

味噌という漢語はなく、未だ醬になっていないという意味から「未醬」の字を用いた、と平安時代の漢和辞典『倭名類聚鈔』の記述を引用している。『和漢三才図会』では、大和の貧民がその当時もつくっていたという蚕豆を用いた「玉未醬《たまみそ》」、大豆と白米の麴でつくる「白未醬《しろみそ》」、糯米でつくる「糠未醬《ぬかみそ》」、そして「醬《ひしお》」はこの項に入れられている。

醬の原料は大豆と精麦だが、大豆は炒り、精麦は水に浸漬する点が、醬油とはちがう。毎日日なたで攪拌すれば、二〇日間でできるとあって促成品である。また、諸味を搾らないから、液体と固体がまじっている。

最後に記述のある醬油であるが、「我が国では俗に「油」の字を加える、まだ搾らないものを醬というので、醬と醬油は別物としてもよい」と述べ、一方「豆油《たまり》」は大豆、麪、塩、水でつくるが、小麦粉を加えるのが特徴である。大麦醬は黒豆、大麦粉、塩、水からつくる。さらに「我が国では大麦醬、小麦醬の二種を用いている」とある。醬油の製法は現在とかわらない。

一方、『本草綱目』では「大豆豉」として淡豉、鹹豉、豉汁とその薬効について述べ、「醬」としては醬油の項で「豆油」「大豆醬」「小豆醬」「豌豆醬」「麩醬」「甜麪醬」「小麦麪醬」「大麦醬」、最後に

「麻渟醤《ましじょう》」を挙げているが、「醤油」はない。

検討した結果いえることは、『和漢三才図会』の著者寺島良安は、自分の知らない「淡豉」「鹹豉」「豉汁」については『本草綱目』の文章をそのまま引き写し、末尾に日本の寺納豆や金山寺味噌、その他の味噌に関する説明を付け加えたらしい。また『本草綱目』にはあった大麦醤、小麦醤、甜醤、麩醤油、大豆醤、小豆醤については省略している。豆油や大麦醤も『本草綱目』の引き写しで、小麦粉を加えたり、黒豆を用いるなど、当時の日本の醤油とはかなりつくりかたが異なっている。現場を見ずに机上で書いた文章であり、中国の発酵食品が日本でもまったく同じようにつくられていた印象を受ける。

大豆発酵食品の分化、発展は第三章で述べたように、豆を食べる豉と、よく分解して汁をソースにする醤の二系統がある（五八頁の図も参照）。

①豉の系統

・淡豉《たんし》　無塩発酵させた大豆からつくる。

・鹹豉《かんし》（あるいは塩豉《えんし》）　淡豉は味が淡泊なので、塩を加えた。中国では黒豆を用いる。淡豉も鹹豉も日本ではかなり早い時期に廃れたと思われる。

・豉汁《しじゅう》　鹹豉に油、水を加えて旨味を抽出したものであるが、これは日本ではほとんどつくられていない。

・寺納豆　留学した仏教の僧侶によって中国から伝えられたので、唐納豆、あるいは寺納豆の名前がある。これが本来の納豆である。今日でも京都の大徳寺などでつくられている。大豆をよく搗き、成形したもので、食感はパサパサしている。塩味がきいていて、ご飯にのせるおかずとなる。

②ソースの系統

これはソースとして料理に直接かけたり、煮物の味付けに使われる。

・醤《ひしお》　大豆、麦、塩からつくられる。まだ搾っていないもろみであるから、固体と液体がまじっている。

・大麦醤油　日本の醤油、最初は麦として大麦を使用したようである。

・小麦醤油

しかしこれではタンパク質が少なく旨味に乏しいため、次第に小麦を使うようになった。種々試みたが、結局小麦を炒ってから煮た大豆と混ぜ合わせて麴をつくるのが一番旨味に富んだ醤油ができることがわかった。

また、奈良興福寺に伝えられた『多聞院日記』の醤類の仕込み記録を読むと、こうした試行錯誤の様子がわかる。結局、大豆とのタンパク質をいかに十分分解するかによって、醤油の旨味が高まるのである。

『本草綱目』の醤類

次に『本草綱目』に記述のあるさまざまな醤類を見てみよう(10)。

・豆油　大豆、小麦粉、塩からつくり、黄麴とする。

・大豆醤　大豆は炒ってから粉にし、そこに小麦粉を入れてこね、覆ったものに黄麴を生やし、塩と水を加えてつくる。大豆も小麦も粉末にしておく。

・小豆醤　原料は小豆だけで麦は使わない。小豆は粉にし、黄麴にして翌年再び粉にし、塩を入れ、水に漬けてさらし、でき上がったものを貯蔵する。

・豌豆醤　豌豆を水に浸けてやわらかく蒸し、さらし干して皮を取去り、一斗あたり小麦一斗を粉にして入れ、まぜて切る。蒸してかこい、黄麴にしてさらし干し、一〇斤あたり塩五斤、水二〇斤を入れてさらし、でき上がったものを貯蔵する。

・麩醤　小麦麩を蒸して覆って黄麴にし、さらし干してから砕き、一〇斤あたり塩三斤、熱湯二〇斤を入れてさらし、でき上がったものを貯蔵する。

・甜麪醤　小麦粉を練って固め、切ってから蒸し、上を覆って黄色になったものをさらして篩にかけ、一〇斤あたり塩三斤、熟水二〇斤を入れてさらし、でき上がったものをさらして貯蔵する。

・小麦麪醤　生の小麦粉を水で和し、布で包んで踏んで餅にし、覆って黄色にしてから「しょうう」し、一〇斤あたり塩五斤、水二〇斤を入れてさらし、でき上がったものを貯蔵する。

・大麦醤　黒豆一斗を炒って水に半日浸し、その水で煮、大麦粉二〇斤を混ぜ合わせながら、粉をふるって加える。豆を煮た汁で練って成型して切り、蒸して被って黄麴にし、晒して搗き、一斗あたりに塩二斤、井戸水八斤を入れてさらすとでき上がる。黒く甘く、汁は澄んでいる。

前述のように、『和漢三才図会』の豆油《たまり》と大麦醤油に関する記述は、『本草綱目』の引き写しである。

それ以外の大豆発酵食品については、寺島良安は実際に見る機会はなかったので、名前を紹介するにとどめたのであろう。

中国の醬類について少し考察してみよう。「麩」とは小麦粉グルテンでつくる粘り気のある「ふ」ではなく「ふすま」を指し、小麦粒を精白した後篩にかけて残る小麦の皮である。また「麪（麵）」は小麦や大麦の粉を指す。「豆油」は『三才図会』では「たまり」のふりがながあるが、日本の「たまり」のように大豆だけではなく、小麦粉を加えている。麴づくりは黄色っぽいコウジカビを着生させるわけだが、煮た大豆をそのまま放置すれば、納豆菌（細菌。枯草菌ともいう）が生えてねばねばした現在の納豆になってしまう。黄麴菌（*Aspergillus oryzae*）を大豆の表面に生育させるには、水分を減らす必要がある。

このために大麦、小麦を粉末にしてから煮た大豆に「まぶす」（豆油、大豆醬）。豆も分解されにくいので、「豆を炒り、磨《す》って粉にする」（小豆醬）。粒の大きな豌豆の場合は、「皮を取り去る。麦粉を成型する」（甜麪醬）、などさまざまな工夫がこらされた。

その後日本の醬油は、小麦粒を炒って砕いてから加えるようになったが、中国の醬油は生の小麦粉をまぶすようになる。これが日中の醬油の香りと味のちがいを生み出しているように思われる。

小麦粉はそのまま湿らせると、ベタベタ固まってしまうから、麴をつくるには麩《ふすま》の方が適している。実際中国の醬油は現在では小麦麩と蒸煮した脱脂大豆を六―八％の低塩濃度にし、四〇―五〇度の高温発酵を行なうという。

現代中国の醬油

日本の製法がこの一〇〇年間で大きく進歩したように、中国の製法ももちろん『本草綱目』の時代と同じではない。また今まで見てきた満州や台湾の醬油は、中国の周辺部の発酵食品といってもよい。中国本土の製法は一九五〇年代までは伝統にのっとっていた。概して手工業的なものであったが、その後需要の拡大にしたがい新しい製法が開発され、発酵期間についても大幅に短縮されている。現地の工場を見学した日本人の報告を検討してみよう。「固体低塩発酵法」とよばれるのが、その新製法である。(11)

原料には脱脂大豆と小麦麩《ふすま》が用いられる。両者を水に漬けて混ぜ、蒸煮したのち二四時間通風しつつ製麴を行なう。別に水に溶かした食塩を加えて仕込む。硬めに仕込む点が、「固体低塩発酵法」の名前の由来である。食塩濃度は日本よりもはるかに低い六—七％であり、一方発酵温度は高く四〇—四五度、期間は一八—二〇日間と短い。一種の速醸法と見なすことができる。ろ過後の粕に熱湯と食塩水を加えて二番醬油をつくることは日本と同じである。

一九九〇年代半ば頃の中国産は、品質面で日本産との差がまだかなり大きかった。日本の研究者が「中国醬油の改良開発について」という論文を発表するくらいである。(12)

当時の中国では国家製造規格に基づいて醬油が製造されていた。等級は特級、一級、二級、三級で、食塩濃度（一九・〇％）、無塩固形物、総窒素、アミノ酸、直接還元糖、総酸の諸成分はランクが下がるにつれて低下する。

製法は前述の「固体低塩発酵法」だった。脱脂大豆と麩に撒水してから蒸煮、冷却する。麹は麩六、小麦粉四の比率で混合し、撒水、加圧蒸煮、冷却後種麹を接種して、三七―四〇度で二〇時間かけてつくる。この麹と水に、六倍量の飽和食塩水を加える。仕込んだ後温度四五度で二〇日間培養する。その後九〇度の飽和食塩水を六倍量加えて浸出したものを「一番醬油」とする。

日本産のように最初から水、食塩を全量入れた「固液混合」の諸味にはせず、食塩水が少なく、発酵温度が高いのが特徴で、まさに「固体低塩発酵法」である。

中国では蒸留酒の高粱酒も固体発酵法でつくってきた。エネルギーを節約するために麹を堆積し、その発熱を利用して温度を高めてから高温発酵させる。また良質の水、小麦、大豆に恵まれないため、発酵期間を短くし、何度も原料を有効利用してそこそこのレベルの製品をつくろうという考えがあるようだ。

四五度の高温で培養すると、酵母のアルコール発酵を抑制する。また、タンパク質を分解する酵素、プロテアーゼの活性が低下し、乳酸菌による乳酸発酵も抑制される。発酵があまり進まないため香りが少なくなる。塩分濃度を下げれば防腐効果が落ち、雑菌が繁殖する危険性が増す。また醬油の火入れを長時間行なえば、いわゆる焦げ臭がつく、などさまざまな問題が生じる。

日本の研究者が中国本土から取り寄せた醬油の分析結果もこうした傾向を裏付けている。ほとんどが北京の工場製であるが、成分値にかなりばらつきがあって、pH値はいずれも四・五付近と低く（弱酸性）、アルコールはまったく検出されないか検出されても少なかった。

なかでも品質がよく、食塩濃度、無塩固形分が特級の基準を満たしていたのは、大豆と小麦で麹をつくってから食塩水を多目にして仕込むという、伝統的な技法でつくった醤油であった。じっくり時間をかけて丁寧につくれば、よい製品ができるという見本かもしれない。

古代より中国から日本にはさまざまな大豆発酵食品が伝えられたが、その中で日本人の嗜好に合うものだけが残って発展し、日本の醤油はその代表といえよう。しかし、減塩化、ドレッシング化など、時代の変化とともに大きく変わりつづけるだろう。一方で「豉」はほとんど廃れてしまい、「寺納豆」「金山寺味噌」などに面影を残すばかりである。結局大豆と小麦中のタンパク質がよく分解されて、旨味のあるアミノ酸を多く含む発酵食品が残ったためといえるだろう。

第八章　豆味噌と溜り醬油

醬から醬油という新調味料が誕生するまでの歴史をこれまで見てきたが、もう一つの系譜である、豆味噌と溜り醬油（溜り）も無視することはできない。溜り醬油は、すし屋に行けば必ず置かれている、普通の醬油よりもどろりとした調味料である。

豆味噌と溜り醬油は、現在も愛知、岐阜、三重の東海三県を中心につくられている発酵調味料であるが、なぜこの地域に限定されているのか、その起源についてさまざまな面から議論されてきた。どちらも特異な食品で、古代に朝鮮半島から渡来した人々がもたらしたとする学説があるが、確固とした裏付けはないようである。

豆味噌は、大豆と食塩のみを原料につくられる、赤味を帯びた味噌である。生産地が愛知県岡崎市の岡崎城から八丁離れた「八丁」であることから「八丁味噌」とか「名古屋味噌」「溜り味噌」などとよばれている。

つくり方は、大豆を洗浄した後、蒸煮し、冷却後「味噌玉」をつくり、これにコウジカビを生やして製麹《せいきく》を行なう。その後味噌玉をつぶして食塩水を加えて仕込み、六―一二か月間熟成させて味噌にする。その際仕込み桶の上に重石をたくさんのせるが、重量は一桶分で一トンにも達するという。

麹は、日本で広く使われている米粒にコウジカビを着生させた「ばら麹」ではなく、先ほど説明した「味噌玉」である。味噌玉はかつては人の手で一つずつ丸めてつくられたが、現在は蒸した大豆をこぶし大に固め、自動で味噌玉をつくる機械が使用されている。さらに大麦を炒って粉末にした「香煎《こうせん》」に麹をまぜた種麹を味噌玉にまぶす工程も自動化されている。

「豆麹は米麹よりつくりにくい」といわれる。バラバラの状態の蒸し大豆には、枯草菌という納豆をつくる細菌の近縁種が繁殖しやすく、コウジカビが増殖しにくいためである。ここで香煎《こうせん》にまぜた麹菌を味噌玉にまぶしてやると、酸素が乏しい内部は乳酸菌が増殖して発酵し乳酸酸性となり、枯草菌など雑菌の繁殖を抑制する。一方外気にさらされて酸素の多い味噌玉の表面には、好気的な条件を好むコウジカビが増殖してうまくいく。

かつて長野、岩手、宮城県など各地の農家では、味噌玉と同じやり方で味噌をつくっていた。麹が確実にでき、長期間保存して好きな時に仕込むことができる簡便な方法である。味噌玉に生えるカビにはあまり酵素はなく、有害な枯草菌を抑制するのが主目的と考えられる。

豆味噌を放置し、自然に出てくる汁を集めると「溜り醤油」になる。味噌玉に塩水を加え、醤油状の調味料をつくることもできる。現在も朝鮮半島で広く用いられている大豆発酵調味料の「醤《ジャン》」、「テンジャン」(味噌に相当)と「カンジャン」(醤油に相当)のちがいは、原料水の量が多いか少ないかである。

豆味噌は色が濃く、これを使った赤だし独特の香りと旨味は、個性が強い。幼い時からなじんできた人でないと、あまり好きになれないかもしれない。溜り醤油は、現在では全国醤油生産量の二%程度ときわめて少ないが、「照り」がよいという特性を生かして佃煮加工などに使用されている。生産地域が限定された醤油ゆえ、近世、近代の溜り醤油に関する文献資料はあまり多くない。

「溜り」の登場はいつか

「溜り」はいつ頃登場したのだろうか。江戸時代初期の京都の地誌『雍州府志』(一六八六)の「造醸部」には、「豉汁《しじゅう》を醤油と云ふ」とあり、大豆と大麦を原料に、ばら麴でつくる醤油の製法が記されている。その後に、「また、未醤《みそ》の汁を取るものあり。これを多磨利《たまり》といふ。醤油に比ぶるときは、味ひ、また、甜し」とある。これを「溜り」の初出とする人もいるが、製法については書かれていない(1)。

少し後の三宅也来《やらい》著『萬金産業袋《ばんきんすぎわいぶくろ》』(一七三二)にも「たまりしやうゆ」に関する記述がある。備前の八浜、大坂、伊勢の白子、松坂あたりで産出するのはたいていたまりしょうゆで、とても風味がよく、みな上物であるという(2)。ただし、原料は黒豆と大麦、麴も「ばら麴」であることから、現在と同じ「溜り醤油」ではなさそうに思われる。

享保年間の終わり頃から各地で凶作、飢饉が続いた。東北一関藩の医師建部清庵が著した『民間備荒録《びこうろく》』（一七五七）は、飢饉の際に庶民が食いつなげるよう食用可能なさまざま植物や味噌のつくり方を記した本である。貧しい人々は高価な米味噌などもちろん買えないし、大豆とて貴重品である。そこで精米の際に出る米糠を使った「ぬか味噌」のつくり方を述べている。「未醤《たまみそ》」の記述は次のとおり。

よく煮た大豆一斗を臼で搗いてどろどろにし、だんごにつくって数日後、表面に黄色のかびの胞子がついたとき、水で洗って臼に入れ、搗き砕いて粉にする。塩三升を入れて水を加え、臼の中で練り合わせて、手ですくい上げてどろどろしているくらいの硬さにして桶に入れておく。数日ほどたって食べはじめれば、色がよく、味もよいといわれている。(3)

味噌玉麴を使ってつくっている。建部は、「上野国あたりでは、村々でいつも用いているという。このようなものは飢饉のときだけでなく、平常からよく心がけてつくっておき、用いるべきである。これもまた君子が世の中のためにするよい行ないの一つである」と説く。

寛政一一年（一七九九）刊の『日本山海名産図会』巻四も、焼き蛤と時雨蛤《しぐれはまぐり》は伊勢の桑名、富田の名物だが、時雨蛤は玉味噌を漬けた桶にたまった汁に蛤の煮汁を合わせ、山椒、木耳《きくらげ》、生姜などを加えてむき身を煮詰めたもので、日持ちする、と述べている。(4)

溜りは現在でも佃煮に使われるが、蛤にはこの頃すでに用いていたらしい。『日本山海名産図会』の溜り味噌のつくり方は、大豆をよく煮て藁で包んで竈の上にかけ、ひと月ばかりして臼で搗き、塩をまぜて水を加えれば上に澄んでたまる汁を醤油のかわりに用い、底を味噌にするとあって、これが溜り醤油であることは間違いない。

『飛州志《ひしゅうし》』は、飛騨国の代官長谷川忠崇が、徳川吉宗の命で著した飛騨の地誌であり、刊行されたのは死後かなり経った文政一二年（一八二九）頃とされるが、巻第七の「玉未醤《タマミソ》弁搏団未醤附飛騨未醤考」は溜りに関する興味深い記述である。現代語訳すると、以下のとおり。

玉未醤（味噌）は地元で常用される味噌である。麴を混ぜずつくる。その製法は、春三月中旬にいたり大豆を蒸して臼で搗き、鞠《まり》ほどの大きさに丸め、これを家屋の常に火を炊く所の上に簀《す》を敷き、これに並べておよそ三〇日ほど干す。よく乾いた時また臼に入れ、搗いて粉末にする。これを地元では未醤粉《みそこ》という。この粉一斗に塩四升、水八升を合わせて桶に入れるのである。石数の多少にかかわらずこの方法を欠かさない。その後かきまわすのは醤油づくりと同じである。それより五六〇日を経てよく熟した時、桶の中に簀を入れ、溜りを汲み取り、残りは常用の味噌にする。

また一方「檜玉味噌」というものがある。地元では下級品としている。これは米の糠を湯で練り、蒸して丸めて干し、乾いたものを搗き砕いて粉にするまで、すべて大豆を使う製法のようにし、この糠を大豆の味噌粉一斗の中へ二升あるいは三升加える。それ以外は塩水共に先の方法のようにする。溜りを汲み取り、残りは常用の味噌にする。結局は大豆の分量を減らしてつくるから、味は本来の味噌には及ばない。これを地元では「檜玉味噌」、あるいは「搏団《タマ》味噌」と称している。味噌玉とは搏団である。玉味噌につくるのではない。今の世、地元で「檜玉味噌」という。「未解搏団」は搏団であるけれども、「タマ」と読解した。搏と檜とは字も別で音もちがうが、搏をまちがって檜となったものだろうか。

玉味噌は各地にあるが、搏団（搏《たん》。丸めるの意）をつくることなくつくる。古往今来である。『和名類聚抄』巻第一六未醤の註に曰く、志賀未醤、飛驒未醤、志賀は近江の国の郡名である、以上。思うに飛驒味噌は今いうところの地元の玉味噌のことか。なお味噌の名があるので下に載せるようだ。もっとも常に用いるためではなく適時つくってたしなむのみである。麴味噌とは他国において麴を加えてつくるところの味噌である。

酢味噌は米ぬかを炒って酢を加えて練り、塩を加えて食べるものをいう(5)。

玉味噌と溜りの製法を述べていることから引用した。江戸時代に入って農家が醬油をつくりはじめるまでは、飛驒にかぎらず広く日本各地で溜りを使っていたものと思われる。また『倭名類聚抄』にも「志賀（滋賀）味噌」とならんで「飛驒味噌」の名が挙げられており、飛驒の味噌は平安時代から有名だった可能性がある。

東アジアの諸地域における発酵食品の麹を比較すると、ばら麹は早くできるかわりに失敗もしやすいので、多少時間はかかっても確実な餅麴が普及したのであろう。

焚味噌屋仲間

愛知県で現在、豆味噌や溜り醬油が愛されているのは、慶長一五年（一六一〇）の名古屋城普請の際、数多くの工事人夫に供し、そのつくり方が民間に伝わったのがはじまりといわれる。享保年間にはこれを商売にする者がいたようである。

江戸時代には幕府による商人の統制制度で、株仲間というものがあった。業種ごとに設けられ、たとえば酒では酒株（酒造株）があり、酒屋は冥加金を上納するかわりに「株仲間」と認められ、権利を保障された。酒株を保有しない者は、基本的に酒をつくることはできなかった。

さて尾張藩に味噌の株仲間があったことは、寛政の改革の頃に幕府に提出された焚味噌屋仲間の文書から明らかである。このグループは溜りもつくっていた。以前は七八軒であったが徐々にふえ、文書を提出した寛政三年（一七九一）に新たに認められた味噌屋を加えて一一五軒となった。新規参入者は尾張藩の許可が必要であった。新参者は冥加金五〇両を納め、火事の際は水桶と人足を出すことが義務づけられていた。銭屋、永楽屋、井桁屋、山本屋などが総代となって、違反者が出ないように取り締まった。

安政元年（一八五四）に仲間内で定められた溜りの等級は、上が「極上溜」と「大上溜」、中が「上八分溜」と「八分溜」、下が「並八分溜」と「並溜」の六つに区分され、最上級の極上溜は一升につき三八六文であるのに対して、並溜は一三〇文と、大きな開きがあった。

毎年正月と八月の二度、年行司のほか、各組から二人ずつ代表が出て寄合をもち、互いに吟味し、違反者が出た場合はその旨を張り紙に掲示して制裁を課した。

樽についても業者間で規格を決め、溜りは四斗樽に三斗五升～六升を入れた。これは酒とほぼ同じである。

尾張の溜りはごく一部が江戸にも送られていたようで、幕府の御用商人に醤油屋、醤屋とならんで溜りを売る「御溜屋」があったことが確認されている(6)。

普通の醤油も早くから醸造されていたが、溜りほど普及しなかったようだ。醤油は三河地方やその他の国から入津したが、やがて運上金を取り立てられるようになった。この地方で醤油づくりが盛んになるのは明治維新以降で、やはり溜り文化が強かったからだろう。

幕末の溜り醤油

名古屋市に本社を置く食品メーカー、キッコーナは一九六四年に改称するまで名古屋味噌溜株式会社といった。創業は元禄元年（一六八八）という。

畝状に並べた味噌玉を鍬で返す「畝返し」(江戸末期頃)。キッコーナ所蔵

長年同社に勤務した吉原精行の豆味噌と溜りに関する総説があり(7)、また同社のホームページで醸造絵巻をみることができる。いくつか特徴的な技法をまとめると、次のようになる。

①**麹づくり**　蒸した大豆は臼に入れて搗き、蔵の二階にある製麹室に敷いた莚の上で小児の頭大に丸めて並べ、種麹は使用せず室内に浮遊しているコウジカビの胞子が味噌玉の表面で増殖するのを待つ。この期間を「花とり」とよび、約二〇日間を要した（口絵2）。上を莚で覆う。「割り」といって、頃合いをみて味噌玉をだんだん小さく割っていく。

「畝返し」とは、麹を乾燥させるために味噌玉をひっくり返す作業である。こうすると味噌玉はかなり乾燥して固くなる。ここでよく乾燥させないと溜りが濁り気味となり、熱を加えると沈殿が生じるという。味噌玉を乾燥させるのに、およそ三〇―五〇日を要した。

②仕込み　仕込み期間は七、八か月から二年くらいまでである。八丁味噌では三年以上の場合もあったが、ふつうはそれほど長くない。必ず夏の土用を越すことが必要だった。

仕込みの際、大豆一斗に対する水の割合は高級品ほど少なく、極上品で七、八升、上で九升、並で一斗三升くらいとなる。食塩の量はどのランクも同じで水一斗につき五升五合である。

③引分け　仕込んで一年以上経ち、桶の下にある「呑口」から溜りを分離する工程を引分けという。溜りは大桶に移し、さらに沈殿した滓を取り、上澄みを別の桶に移す。こうして濃厚で美味な溜り醤油が取れる。

明治時代の溜り醤油

明治三〇年（一八九七）頃、東京深川の醤油技術者倉田喜起という人が全国の醤油メーカーを指導して歩き、『醤油味噌溜り醸造新説』（一九〇〇）という本を著した。[8] 同書第二編は「味噌溜り」がテーマである。先の吉原によると、倉田は豆味噌や溜りで乾燥した麴をつくる従来法を無視して指導したので、よい結果が得られなかったという。たしかにばら麴を使用するふつうの醤油の製法からすれば、玉味噌をつくって長期間乾燥させ、仕込みをはじめる溜り醤油は、非効率と思えたのであろう。

倉田の指摘によると、溜りの醸造は昔から醤油に比べ粗雑であり、麴室を使用せず、簀子の上という空気の流れがよくない場所で時間をかけて麹をつくるから、虫害のために麹が一、二割もそこなわれているという。ゆえに、三昼夜程度の短時間で麹をつくれば、虫害も出ないだろうという。倉田はこの「改良麹」を使って豆味噌と溜り醤油を製造させ、好結果を得たらしい。麹は三昼夜でできるとあるが、麹箱を一〇〇〇枚も使用しており、なかなか手間がかかる。同書によると、実際に製造したのは愛知県知多郡横須賀町の味噌溜り醸造者野畑新吉宅である。

当時広く行なわれていた方法は、蒸した大豆を大桶から半切桶というたらい状の小桶に移し、わらぐつをはいた蔵人が大豆を踏んで潰してから、手で味噌玉を成型する。その後味噌玉を二階にある麹室に運び、畝のように並べ、上から莚を掛けて保温する。ひき肉機械のような味噌玉機械は、明治末から大正年間頃に導入されたようである。

発酵中は「汲み掛け」を行なった。これは日本酒でも行なわれた技法で、底のない竹製の簀《す》を桶の中心部に沈め、浸み出した液汁を柄杓で汲み取って、毎日数回、およそ三〇日間、まわりの豆麹に掛けて糖化を促進させる。三〇日くらいたつと、豆麹は味噌と化して粘りつく。塩水が上にたまれば簀を抜き取って味噌を平らに均し、上を古傘の紙や古袋で覆い、その上に重石を置く。

重石は全部で一五〇〇貫（一貫＝三・七五キロ）あったというからすごい。はじめに平らな石を並べてなるべく隙間のないようにし、順次大きな石を菊座のように積み上げる。五尺に達するから、崩れないよう気をつける。食塩量が少ない条件下であるから、隙間のないように、異常発酵によって味が変わらないようにするためという。

室温で八か月以上発酵、熟成させ、溜りは桶下の呑口《のみくち》から排出される。原料は、大豆二〇石、汲水（加える水）一〇石、食塩五石〜三石である。これを「五分の生引《きび》き」といい、桶に残った味噌は次のランク「ニーラ溜り」の原料にする。大豆に対し半分の水を加えるので、「五分仕込み」と称するが、汲水÷大豆の比率に応じて、「五分五厘仕込み」や「六分仕込み」もあった。濃厚な溜りは高級品、薄いものは並品となる。

八丁味噌は溜りときわめて似た方法でつくるが、大豆二〇石に加える汲水はわずか四石、食塩五石の「二分仕込み」である。熟成させるためには土用を二度経過させるのが最良とされるように、かならず夏の暑さを経過させ、時間をかけてつくられる。また溜りを取ることはないので、最上等の味噌となる。

溜りには、さらに大豆二〇石に対して、汲水を一六石、食塩を九石仕込む（八水）やや品質の劣る「中引溜り」もあった。倉田によると品質は「肉深く色薄くして美味なり」とある。後で述べるニーラ溜りをつくるときには使わない。

ニーラ溜り

醤油の製造では一度使用した原料を有効に再利用する「番醤油」というものがあるが、「ニーラ溜り」というのはこれに近い。

原料は、汲水三七石七斗五升、一番豆粕、二番豆粕、五分仕込みの元味噌、八丁味噌、上晒し食塩、上製味醂である。

まず大釜に水を入れ、強火で二番粕を煮沸したのち搾り、再び釜に送る。さらに一番粕を煮沸して搾り、再び釜に送り込む。その後元味噌と八丁味噌、食塩を同時に投入し、徐々に攪拌しながら煮沸し、終わったら搾り、味醂を投入し、湯煎釜で徐々に焚き詰めて、二五石内外を得る。これが上等ニーラであり、前述の「五分の生引き」に次ぐ品質である。

ニーラ溜りにもいろいろランクがあり、使用する味噌の質、量で変わるだけでなく、甘味をつけるために砂糖や糖蜜、果ては甘草まで加えるものもあった。しかし、これらは上製のニーラ溜りに比べて腐敗しやすかった。

この報告と同じ頃、名古屋税務監督局が管内の醸造家が提供した「溜り」を分析、比較した資料がある。(9) 岐阜、愛知、三重県下において明治三四年（一九〇一）六月から同年九月のあいだに製造されたものを対象とした。

この当時は醤油税を課していたので、酒同様、税務監督局が溜りの検査を行なっていた。「生引き溜り」三三点、「素引き溜り」一〇点、「ニーラ溜り」一二点の平均値が掲げられているが、傾向として、比重、エキス分、総窒素、などに品質の差がみられる。

現代の溜り醬油

溜り醬油は、現在では製造するメーカーも少なくなっており、品質改良試験結果の発表もほとんど見当たらないのは残念だが、産業遺産研究の分野で溜り醬油と豆味噌の工場を調査した報告がある。詳細な聞き取り調査も行なわれ、かつての溜り味噌工場の設備がどのようなものであったか、かなり詳細に知ることができる(10)。

江戸時代には東海道五十三次の宿場であった愛知県豊橋市二川町の東駒屋、西駒屋が調査対象である。このうち二川本陣前にあった東駒屋では主に溜り醬油を、明治四二年（一九〇九）に同家から分家して創業した西駒屋が豆味噌を製造していた。豊橋市に合併される前、昭和二〇年代の二川町では六軒が豆味噌と溜り醬油の製造販売を行なっていた。西駒屋では昭和二六年（一九五一）頃には一〇〇〇石強の溜り醬油を製造し、昭和四五年（一九七〇）頃まで約二〇人程度の従業員で製造、販売を続けていたが、平成一二年頃に廃業した。

西駒屋が所有する溜り醬油の製造設備一式は、実地調査が行なわれた時点でまだすべて保存されていて、大豆の選別機、洗浄機、輸送用ベルトコンベアー、味噌玉をつくる味噌玉握機、味噌摺り機などがあり、かなり機械化は進んでいた。仕込み桶は明治四〇年代に製造された三〇石（五四〇〇リットル）入りの大桶だった。仕込みは一一月末頃から翌年三月頃まで、熟成期間は八か月から一〇か月であった。

溜り醬油の製法を見てみる。豆味噌とのちがいは、種麴を付ける際に増量剤として香煎を加える点は同じだが、味噌玉にはしないことである。

①大豆の選別　戦前までは原料は丸大豆を使ったが、戦中・戦後からは脱脂大豆を使うようになった。脱脂大豆は大豆油を搾った粕との悪いイメージがあるが、大豆のごみや、小石などがまじっていないし、また丸大豆の場合は醬油表面に浮いてくる油を取る手間があるが、それがない。

溜り醬油の製法

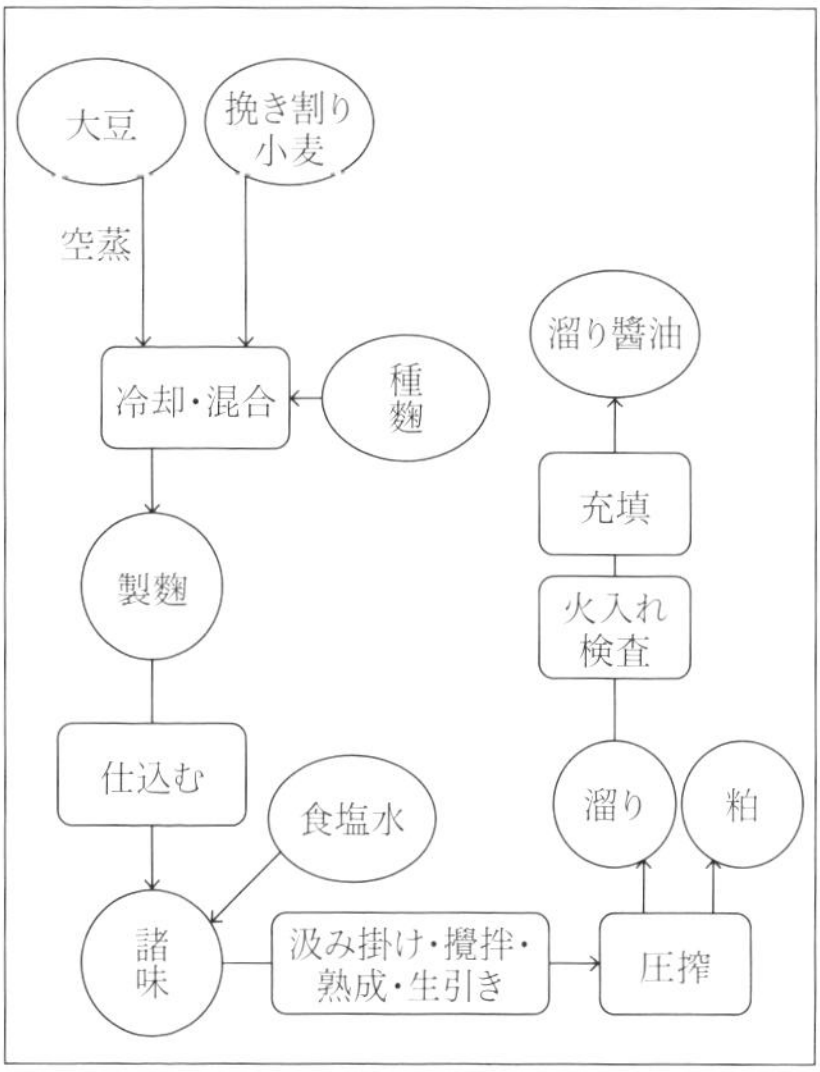

②蒸煮　大豆は蒸し機で蒸煮する。

③冷却　蒸煮後の大豆はコンベアーで送られながら冷却されるが、昭和四〇年代からは、少量の挽き割り小麦も加えるようになった。

④種麴付け　味噌玉握機にかける際に種麴を加えるが、その際増量剤として大麦の香煎も入れる。コウジカビの増殖を容易にするためである。

⑤製麴　麴室で三日ほどかけて麴をつくる。

⑥仕込み　醬油の種類によって仕込みのときに加える塩水の量がことなる。「六分たま

り」は諸味一石に対して塩水六斗。「八分（八水）たまり」は水一石に対して塩水八斗。「十水《とみず》」は一石対一石。「十水」という言葉は酒でも広く使われる。「十三水《じゅうさんみず》」は一般市販溜り醤油用である。

⑦汲み掛け　かつて醤油でも行なわれた技法であるが、仕込み桶の中央に「差し桶」とよばれる、細長く底のない小桶を差し込み、中に浸みだしてくる液汁を柄杓で汲んで、また諸味の表面に掛けてやるのである。発酵が早く均一になるように毎日行なう。

⑧生引《きび》き　発酵、熟成が終了したら、仕込み桶下部の「呑口」を開けて、醤油を抜く。この醤油を「生引き溜り」とよんだ。

⑨圧搾　酒同様、諸味を布袋に入れて「キリン締め」とよばれる手動式の圧搾機にかけて徐々に圧力を加え、二、三日かけて搾り終わった。三〇石の桶で諸味の総量は約四五〇〇リットル、これから一八〇〇リットル（一〇石）の醤油を得た。

⑩火入れ　蒸気を通す蛇管を火入れ桶に挿入し、八〇度で殺菌した。その後、滓引き、調整、壜詰めを行なってから製品を出荷した。

⑪ニーラ溜り　普通の醤油には資源を有効利用してつくる「番醤油」があるが、溜り醤油も同様に再利用する。呑み口から「生引《きび》き溜り」を抜いた後の諸味には、まだかなりの旨味成分がふくまれている。そこに食塩水を加え、一〇日から一か月程度放置して、再び液汁を抜いたものが「素引《すび》き溜り」である。

またニーラ溜りは、残った諸味粕を仕込み桶から取り出し、別の桶に入れ、二一％の塩水を加え、蒸気を吹き込んで煮沸し、味噌汁様にする。これを圧搾用布袋に入れて圧搾機で搾るのである。最初に得るニーラ溜りは味が薄いので、これを諸味に戻してまた搾る。さらに繰り返し、合計三回搾る。一回の搾りに四日、三回で合計一二日を要したという。

圧搾機の性能が低かった時代は、諸味粕に残った呈味成分を完全に取り出すことができなかったので「素引き溜り」の段階にとどまっていたが、蒸気をふんだんに使え、また圧搾機の性能が向上した近代以後にニーラ溜りが開発されたのだろう。

これだけ手間をかけて得られるニーラ溜りであるが、それでも通常の溜り醤油に比べ、半分程度の値段であった。西駒屋では平成一二年頃までニーラ溜りを製造していたという。

朝鮮半島の「醬」

日本の溜り醤油に近いと考えられるのは、朝鮮半島の発酵調味料「醬《ジャン》」である。かつては「高麗醬《こまびしお》」とよばれることもあった。

朝鮮には日本の味噌に相当する「テンジャン」（テンは固いとか未熟の意）、醤油に相当する「カンジャン」（カンは塩、塩を加えたことを意味する）があり、どちらも近年まで家庭でつくられていた。大豆を煮熟して搗き砕き、丸形や角形に固め「メジュ」とよばれる味噌玉をつくる。味噌玉を藁に包み、家の天井から二、三週間吊り下げてコウジカビを着生させる。さらに納屋にあるメジュ棚の上で熟成、乾燥させる。

仕込みを行なう前、メジュを水に入れて表面をたわしでよくこすり、付着した黒カビなど雑菌を除くという。表面には納豆菌（枯草菌）など好ましくない菌類も多数繁殖するので、でき上がるまでのメジュは臭いがひどいというのも、このためであると思われる。

よく洗ったらメジュを砕き、仕込み用の甕の底に並べる。塩水を加え、さらに消し炭と唐辛子を入れて蓋をする。毎日早朝、甕の蓋を取り、新鮮な空気と太陽光を入れ、日中は蓋をする。約二か月間で熟成するから、諸味を漉し、液体のカンジャンは釜に入れて煮詰める。残った味噌のテンジャンには、塩や薬味を加えて熟成させる。

朝鮮半島における醬類については、古い文献も参照した鄭大聲の論考がある。[11] それによると醬類の歴史はかなり古く、新羅時代の『三国記』、六八三年の記録にもう「醬」と「豉」の文字が見えるという。日本の醬類とほぼ同じ頃に生まれたものであろう。

実際に製法まで述べているのは一六世紀半ばの『救荒撮要』（一五五四）あたりからという。先のメジュ（味噌玉）をつくるには、やわらかく煮た大豆に、小麦を炒ったものを加えてつぶし、温かい部屋に敷きならべてコウジカビを着生させ、乾燥させる。メジュに加える塩と水の量を調節すれば、味噌も醬油もつくることができる。

一八世紀の『増補山林経済』になるとさらに詳しく、醬づくりに適した日、水の選び方、塩の品質、忌避すべきこと、甕の扱い方、味の整え方などについても書いてある。味噌玉のつくり方、仕込み方、醬と味噌の分離法にも触れている。

唐辛子を加えるコチュジャンなどの味噌は、朝鮮独自のものである。

朝鮮半島のジャンは、ずっと家庭の主婦の手でつくられてきたので、日本のように早くから醬油工業が発展することはなかった。また、陶器製の甕を用い、仕込んだ後の発酵、熟成を屋外で行なうのは、日本とことなる点である。日本でも鹿児島県の「壺酢」は、いまでも屋外に放置した甕の中で醸造させるやり方でつくるが、むかしの醸造は容器を室内に置いて温度を制御しなかったのであろう。

メジュのような麹のことを「餅麴《へいきく》」、米粒の表面にコウジカビを生育させるふつうの麴を「ばら麴」とよぶが、大豆を煮熟し、味噌玉麴をつくってコウジカビを着生させる方法（餅麴）は、日本でもかつては宮城県の陸前地方、長野県の安曇、木曾、佐久平などにあったというが、現在ではほとんど廃れてしまい、「ばら麴」が中心となった。したがって餅麴は東海三県の専売ではないし、半島からの渡来人が伝えたという説もあるが、断定的なことはいえない。

麴を餅麴にすれば、味噌も醬油も失敗せずにつくることができる。味噌玉は大きいほど嫌気性菌の好む環境となり、乳酸菌がふえやすくなる。一方表面に着生する好気性のコウジカビの酵素力は小さくなるから、大玉を使用し、重石を載せて密封する八丁味噌などは熟成期間が長くなる。

ばら麹は表面積がはるかに大きくなる。大豆発酵調味料の発展過程を考えると、原料がつぶした大豆であった頃は餅麴でもよかったが、粒状の大豆や小麦も使うようになると発酵に好気的条件が求められるようになり、やがてばら麴になったのであろう。

第九章　近代の醤油醸造業――明治以降の歩み

発酵食品である酒と醤油の製法には多くの共通点がある。第一にコウジカビ、すなわち *Aspergillus oryzae* によって原料でんぷんの糖化を行なうことが挙げられる。第二にコウジカビを培養する麹蓋《こうじぶた》も同じものを使っているし、仕込み桶も木製の大桶である。でんぷんが糖化された後、酵母によるアルコール発酵が進行する点も同じである。一方、大きなちがいは、醤油の諸味には多量の食塩がふくまれることで、発酵に関わる乳酸菌や酵母は、この高い塩分濃度に耐えられるものでなければならない。

江戸時代に規模がいちばん大きかった工業は酒造業であり、明治以降もそれは大きく変化することはなかった。蒸気力や電力を使用しない工場制手工業であるとはいえ、他にこれといった産業もない新生国家の日本にとって、醸造業はきわめて有力な税収源であった。国はさらなる税収の増加を目的に積極的に酒造業界を指導して品質の向上を督励した。具体的には大蔵省醸造試験所の設立、鑑定官の派遣指導、講習会や鑑評会の実施などである。

明治以降の業界史を眺めてみると、日本酒に続いて醤油も同様の道を歩んできたことがよくわかる。

東京醤油会社と海外輸出

『野田市史研究』に掲載された田中則雄著「明治期、野田の醤油と東京醤油会社の『醤油輸出意見書』について(1)」は、外務省外交史料館所蔵の未発表史料をもとにまとめたもので、幕末から明治一〇年代にかけての醤油業界の状況、海外輸出が企画されるようになった理由をはじめて明らかにした。

幕末の文久三年(一八六三)、関東の醤油大産地である野田の醸造高は、茂木佐平治の一万二九五五石を筆頭に四軒で四万石以上もあったが、多くは江戸へ輸送され、江戸で消費される約三割を野田産が占めていたと推定される。

大口需要者は各藩の江戸藩邸であったが、明治維新の戦乱(戊辰戦争)によって人口が減少すると、醤油の需要は激減してしまった。この頃になると、江戸市場に流通する関西の下り醤油はもうわずかになっていたが、品質のよい瀬戸内海沿岸産の清酒が流入して打撃を受けた関東の地廻り酒屋は、清酒酒屋から醤油屋へ転向する者が相次いだという。そのため醤油は過剰生産となり、価格がきわめて不安定になった。

野田では茂木佐平治(七代目)を中心に明治一四年(一八八一)一一月、資本金一〇万円で「東京醤油会社」が新たに設立された。野田からは佐平治ら三軒が入ったほか、大河川に面した茨城県、千葉県の醸造業者、東京市の問屋などが加わった。しかし、明治一二年(一八七九)に設立された醤油問

関東の醤油屋

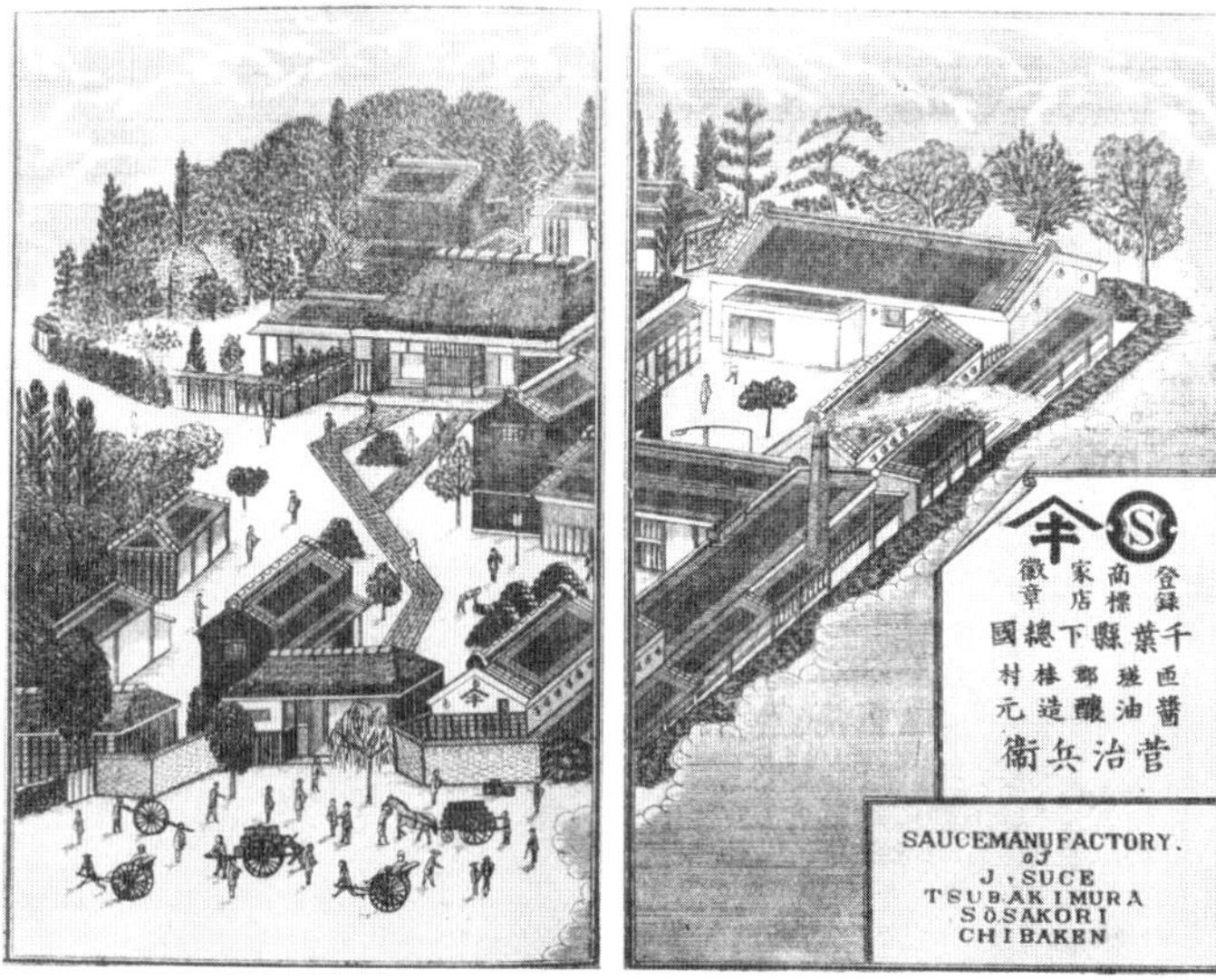

出典：『銅版画　明治の商家』岩崎美術社，1981年，37頁。

屋組合と会社の対立は長引き、行政による和解斡旋も難航した。

茂木佐平治はきわめて進取の気性に富む人物であり、早くから醤油の海外輸出を考えていた。

製品の声価を高めるには、海外のコンクールに入賞するのがいちばん手っとり早い。明治六年（一八七三）のウィーン万国博から、アムステルダム万国博、パリ万国博、シカゴ万国博と、明治初期から三〇年代にかけてはたびたび万国博覧会が開催された時代だが、茂木の醤油はこれらで次々と受賞した。醤油以外の産品も出品され、日本製品の世評を高めるのに大いに貢献した。明治一五年（一八八二）には横浜居留地在住の商人たちを通じて醤油の委託販売を試みたが、海外ではまだあまり認知されていなかった。

佐平治は、長男延太郎が明治一七年に英国留学をするのを機に香港まで赴き、同地における醬油の輸出状況を調査し、一七年一〇月農商務省に報告書を提出した。品質面だけでなく、価格面での中国醬油と日本醬油のちがいがよくわかる。以下、要約する。

香港の中国醬油には「白豉《しゆ》油」と「黒豉油」の二種がある。白豉油とよばれるものの質は日本の醬油よりもはるかに劣り、最上品でも塩気が口と舌を刺す。黒豉油は、白下《しろした》と称する糖蜜に鹹味を加えたものにひとしく、菓子餅にするもののようである。

一方、東京醬油会社製の醬油は、在香港日本領事館の紹介により何人かに見本を試してもらったが、きわめて好評だった。日本製が優れていることは多くの欧米人も認めていたが、問題は価格にあり、品質粗悪でも価格の安い中国製が欧米へ多く輸出されている状況だった。

醬油の輸出は幕末に最盛期を迎えたが、その後は茶などと同様、過当競争ゆえに粗悪品を輸出したため、信用を落とすことになった。また、ヨーロッパでは醬油はソースに混ぜて使用することが多く、それならば安価な中国製の方が有利であった。

東京醬油会社は明治一九年(一八八六)に社員江木保男をドイツ、フランス、オランダの三国に派遣するにあたり、農商務省に『醬油輸出意見書』を提出した。田中が全文を転載しており、これを読めば詳細は明らかになる。まず需給状況であるが、明治四、五年頃に紙幣が増発されて物価は急騰したが、醬油は逆に品質改良競争がきびしくなった。古来最上の醬油は、穀物一石に対し水一石一斗を加える「一一《いちいち》」の仕込みだったが、幕末嘉永年間には「十水《とみず》」、維新以降は「九水」が最上等になった。容量も宝暦年間から慶応年間まで一樽は七升五合が基準だったが、その後容器が大きくなり、一樽九升となった。醤油が濃く、容器が大きくなったので、従来醤油二樽を消費していた家は一樽半で済むことになって、これも需要減少の一因となった。

東京市内で消費される醤油を年間およそ一〇〇万樽とみなして、その二、三割を海外で販売すれば、貿易量は増加し、醸造家の衰退を抑えて一挙両得となろう。

実際明治一五年（一八八二）には、横浜居留地のイギリス、アメリカ、ドイツ人に醤油の委託販売が試みられた。アメリカでは好結果が得られなかったが、イギリス、ドイツでは好まれ、輸出は継続された。

海外販売を前に、風土のことなる地でも耐えられるか試験するため、海軍に依頼して軍艦「筑波」のオーストラリア、ニュージーランドへ向かう遠洋航海に最上等の醤油を積んでもらい、悪くなるか否か試験した。熱帯を経て百数十日間にわたる長期航海でも、品質が落ちる兆候はなかったという。品質では中国産にはるかにまさる日本産であったが、問題は容器にあった。安くて堅牢な甕を使う中国製に比べ、木樽を使う日本製は不利であった。安価な国産木材を地方に、横浜に職人を求めて樽を製造しても、容器の値段は香港の二倍にもなる。したがって下等品の醤油を輸出してソース原料にするよりは、上等品を輸出する方が得だと考えられた。

また前述の『醤油輸出意見書』によると、明治一四年にオランダのアムステルダムで「ジャパニーズ・ソーヤ」なる調味料が広く使用されていたという報告もあり、興味深い。これは長崎の金富良《コンプラ》商社が輸出したものではない粗悪な偽物で、インドネシアのジャワ島で日本産を真似てつくったものだったらしい。日本製は品質でまさっても、価格と量では、到底中国産にかなわなかった。

東京醬油会社による輸出は、明治一六年一月から一七年一二月までの二年間で、壜（三合入りか）で五万二〇四四本、樽で七七一五ガロン（一英ガロン＝四・五四リットル）、合計三四九〇石、一年間の平均一七四五石と推定されるが、幕末の最盛期に比べれば一〇分の一程度と考えられる。

その後大正、昭和期に入っても、在留邦人向けを除けば、輸出量は微々たるもので、外国で本格的に調味料と認知されるまでには至らなかった。

日本酒に関しても、海外輸出構想は何回かあった。製造者は輸出さえすれば一気に難局を打開できると考えがちであるが、外国人になじみのない食品を販売するのはそう簡単なことではなく、失敗に終わった例が多い。

また明治期の醬油がそれ以前のものに比べて濃厚な仕込みとなっていたことは、水を多くして薄めても味がくずれない、いわゆる「のびのきく酒」をめざした日本酒業界とは逆の傾向であり、意外な感を受けた。

醬油税

大量の米を原料にする日本酒では、昔から税金の問題はきわめて重要だった。かつてはここに醤油も含まれていた。江戸時代俗に「三造《みつくり》」とよばれていたのは、清酒、濁酒《だくしゅ》、醤油の三つであるが、幕府はそれぞれ株を発行して生産者を限定し、営業税ともいうべき「冥加金《みょうがきん》」を課した。特に酒屋から徴収する酒税は、きわめて大切な税収源だった。

維新から間もなく、国内の混乱がまだおさまらなかった明治四年（一八七一）七月、太政官によって「清酒濁酒醤油鑑札収与幷《しゅうよならびに》収税方法規則」（太政官布告第三八九号）が公布された。(2) この布告は、一貫性がなかったそれまでの酒造政策を統一し、新政府の基本方針をはじめて示したもので、旧幕府時代からの鑑札（株）を没収して新たに鑑札を発行し、新規免許料、免許税、醸造税を課した。

醤油についても「醤油造株鑑札」は廃止され、新たに免許鑑札を交付して「免許料」を一両一分、「免許税」（稼ぎ人一人につき年三分）と「醸造税」（毎年醤油代金の〇・五％）が課されることになった。醤油の課税については、大蔵省内でも安定した財源を生むと賛成する意見と、醤油は贅沢品である酒とちがい生活必需品なので、課税は不当と反対する意見に分かれた。明治八年には反対意見が通り、濁酒の課税は廃止され、醤油税についても一旦廃止された。しかし日本と中国（当時は清）の間で次第に政治的緊張が高まり、明治一五年（一八八二）に大幅な軍備拡張計画が成立すると、軍事費の増大は避けられなくなった。明治一八年には醤油税も復活し、製造所一か所につき五円、製造石高一石当り一円の醤油税が定められた。

日清戦争の後もさらに軍備拡大は続いたから、さまざまな名目をつけて臨時増税が行なわれた。とくに影響が大きかったのは酒税で、たびたび大幅に増税され、国家歳入に対する比率は急激に高まっていったのである。明治三二年（一八九九）には自家用酒製造が全面的に禁止され、とうとう貧しい農民も高価な清酒を購入せざるをえなくなった。庶民は濁酒を密造して消極的に抵抗をしたが、生活必需品の醬油は、さすがに酒ほどの大幅な増税は行なわれなかった。

同じ明治三二年に醬油税則が改正され、翌年「自家用醬油税」の制定によって個人の自家醸造にも課税されることになったが、酒税の国庫歳入に占める比率が三〇％近くにまで達したのに対し、醬油税の割合は二％にも満たなかった。

醬油税は明治三七年（一九〇四）四月、一石につき二円から二円五〇銭への増税以後、第二次増税は見送られた。その後明治末年から廃止すべきだとの世論を受け、大正一五年（一九二六）の税制抜本改革によってようやく廃止された。

日清、日露戦争の軍事費を調達するためという大義名分があったとはいえ、生活必需品の醬油にまで課税するのは、国民にとっていささか酷だったというべきだろう。

業界の歩み――戦前から戦中まで

日本酒業界では明治二〇年代から各産地において同業者組合が結成され、価格の維持、品質の向上など成果を上げていたが、同じことは醤油業界でも行なわれている。

前述の東京醤油会社は、明治一四年（一八八二）二月に資本金一〇万円で創立された会社である。設立目的は、問屋を排除して生産者と消費者を直結し、問屋による中間搾取を排除しようとするものだった。千葉県野田町の七代目茂木佐平治（野田醤油）が筆頭発起人となり、他に千葉県、茨城県、東京府、埼玉県の醸造家たちが参加した(3)。

東京醤油会社の事務所は東京の日本橋蠣殻町に置かれ、事務所長は筆頭発起人の茂木佐平治であった。会社の発起人は野田、流山、江戸川、利根川、霞ヶ浦などの沿岸の有力な醸造家、東京の問屋が顔をそろえた。設立当初から問屋との対立は激しく、この問題は双方が譲らず解決がむずかしかった。東京醤油問屋の組合員たちと問屋の深刻な対立を引きおこしたのである。

明治二二年（一八八九）は、東京を暴風雨が襲った年である。東京醤油会社の倉庫は台風によって浸水し、在庫の醤油が流出して大きな損失を出したため、ついに会社は解散する事態になった。

東京醤油会社は残念ながら目的を果たせずに終わったが、この年は全国的に穀物が不作で醤油の原料価格は暴騰した。価格暴騰と醤油の生産過剰問題は業界としても対処しなければならない課題だった。東京醤油問屋組合との会談の結果、関東一府六県の醤油醸造家各組合と東京問屋組合を合わせた「一府六県醤油醸造家東京醤油問屋組合連合会」（略称「関東連合会」）が結成された。明治二二年には出荷数を半減させることによって、価格の維持をはかった。関東連合会はひとまず所期の目的は達したとして大正六、七年ころに自然解散した。

関西、関東地方の醤油産地においても、同業者による組合結成、会社化の動きがあった。

龍野（兵庫県）
明治一三年（一八八〇）　龍野醤油醸造組合結成
明治二六年（一八九三）　菊一醤油造合資会社設立
明治二九年（一八九六）　浅井醤油合名会社設立

小豆島
明治三四年（一九〇一）　小豆島醤油製造同業組合設立
明治四〇年（一九〇七）　丸金醤油株式会社設立

銚子
大正三年（一九一四）　三家の合同による銚子醤油合名会社を組織、後に銚子醤油株式会社（現・ヒゲタ醤油株式会社）となる

野田
明治二〇年（一八八七）　野田醤油醸造組合を結成
大正六年（一九一七）　野田醤油株式会社の創立

明治二四年には京都と尼崎（兵庫県尼崎市。かつては醬油の産地として有名だった）の醬油業者が発起人となって、京都で二府九県の醬油醸造家大会が開催された。翌年大阪でさらに参加者をふやし、「全国醬油醸造家大会」の名称を定めた。会長は龍野の横山省三である。大正一五年一一月にはこれが発展した形で「全国醬油組合連合会」が結成された。

大正三年（一九一四）の第一次世界大戦の勃発と全国的な好景気のおかげで国民生活は向上し、従来自家用を醸造していた山間僻地の村でも、最上級の醬油を購入するようになった。醬油の全国生産量は大正二年には二八三万石であったのが、同一三年には三六六万石にまで増加したのである。

しかし第一次世界大戦による好景気が長続きすることはなかった。醬油は全国でいっせいに増産されたため生産過剰に陥り、大正末期になると業界は行きづまってしまった。さらに昭和初期に入ると、世界恐慌の波が日本を襲った。そこで業界大手は価格協定を結ぶなどして対応したが、昭和八年から九年になると、自由競争と景品付き乱売合戦が深刻化した。昭和一一年にはようやく景品付き販売合戦も終了したのである。

昭和一二年（一九三七）七月に勃発した日華事変の長期化によって、さまざまな物資が欠乏するようになり物価が上昇した。そこで政府は一四年一〇月一八日、物価を据えおく「価格等統制令」を発動することになった。

当時醬油業界の団体としては、すでに「全国醬油醸造組合連合会」があったが法的拘束力がなく、醬油の原料になる満州産大豆の配給など、国家による統制に対応できなかったので、政府の要請もあって昭和一五年に「全国醤油工業組合連合会」が設立されることになった。

醤油は国民の生活必需品としてきわめて重要であったから、全国醤油工業組合連合会はその後、原料資材の確保、代用原料の選択、生産の増強、製品の品質保持など多くの課題に取り組んだ。醤油業界のこうした経過も、日本酒のそれときわめて類似している。

さらに一六年（一九四二）一一月一日に設立された全国醤油統制株式会社は、昭和二三年（一九四八）に廃止を命じられるまで、きびしい統制経済の下で醤油の配給を確保するため努力したのである。

日本醤油株式会社の挫折

同じ発酵工業といっても、醤油業界は日本酒より生産量が少なく、まだまだ旧態依然とした状況であった。野田醤油の研究室に勤務していた茂木正利による回顧録は当時の業界の状況を詳しく説明しており、きわめて興味深い(4)。茂木は明治四〇年（一九〇七）の生まれであるが、その頃の醤油業界では大手といっても、生産高は野田の「キッコーマン（亀甲萬）」が年間三万石、銚子の「ヤマサ」、「ヒゲタ」が八〇〇〇石、また誕生直後の小豆島の「マルキン」が六〇〇〇石程度にすぎなかった。昔ながらの製法を守るだけで、近代科学技術の導入は遅れていた。

業界を指導する国立研究機関、大蔵省醸造試験所が設立されたのは明治三七年（一九〇四）であるが、第一の目的は日本酒の品質を安定化させ、税収源として酒税をふやすことにあった。国家にとって喫緊の課題であったから、指導の対象もまず酒造業だったのである。醬油がそれほど重要視されなかったのもやむをえない面がある。

こうした時代に近代的な工場をつくって醬油を大量生産しようという、鈴木藤三郎による斬新な試みがあった。(5) 無残な失敗に終わったが、旧態依然とした醬油業界には大きな脅威と受け止められた。

静岡県周智郡森町出身の鈴木藤三郎《とうざぶろう》(一八五五―一九一三) は、もともと菓子屋で、正規の高等教育こそ受けていなかったが、一つの物事に集中する大変な努力家であった。氷砂糖の製法を独自で開発して糖業界に入り、日本精製糖を設立、また数々の発明によってやがて「日本製糖業の父」とまでよばれるようになった。日清戦争(一八九四―一八九五)後に日本が領有することになった台湾にも赴き、まだきわめて治安、衛生状態が悪かった現地に製糖工場を建設し、操業に奮闘した。

明治三八年(一九〇五)三月、所期の目的を達成して国策会社「台湾製糖株式会社」の社長を辞任した後は、新たに醬油業界へと転身し、明治四〇年六月に「日本醬油株式会社」を設立した。社長に鈴木藤三郎が就任し、実業界の大物たち多数が新会社に出資した。同社の資本金一〇〇〇万円は当時驚異的な額であった。

鈴木が長年働いた製糖業界から醬油業界へ転身することになったそもそものきっかけは、明治三六年の(一九〇三)秋に陸軍糧秣廠から依頼を受けた醬油エキス製法の改良だったようである。日露間で戦争がはじまる直前のことであり、寒気のきびしい大陸の前線で調理をしなければならない兵士にとって、凍らない粉末醬油エキスは必須だった。

しかし、醬油をただ煮詰めて蒸発させるだけでは、品質のすぐれたエキスはできない。鈴木は氷砂糖のときと同じく、真空中低温で醬油を蒸発させる製法を開発し、陸軍の要求に応えることができた（明治三七年三月。特許七二〇二号「醬油エキス製造又ハ其他ノ液汁煮詰装置」）。

醬油エキスの製造が成功を収めたので、鈴木は東京深川の小名木川に面した自宅近くに試験工場をつくって研究実験に着手し、醬油についても多くの特許を取得した。次いで実用化に向けて最初から年産六万石の生産を目指した。これは当時の醬油業界では驚くべき規模であった。また発酵食品である醬油の製造には長い時間を要し、当時は二年かかるといわれていたが、それをわずか六〇日間にまで短縮したのが「鈴木式六〇日の速醸法」といわれる新法だった。

『実業之日本』（明治四一年三月一五日号）は、この新しい方法の特徴をいくつか紹介している。

・本発明は世界に比なき本邦固有工業革新の先駆である。
・本発明は二百年来停滞せる工業に新生命を与う。
・本発明は端を戦時国家の急務に応ずるために発す。
・本会社は一か年百五十万石を醸造するの計画を有す。
・本発明は全国民に廉価に優等なる醬油を供給す。
・本発明は内外市場に於ける醬油の供給事情を一変す。

さらに新発明のさまざまな長所を挙げるが、これだけでは何が革新的な技術なのか、詳細はわからない。鈴木藤三郎が明治三七年三月に出願した特許第七二四七号明細書「醤油醸造法」について検討してみよう。(6)

その方法とは、従来より少量の食塩を仕込んだ諸味を容器に入れ、絶えずゆっくり攪拌しながら、容器に外部から適当な温度を与えて諸味を適温に保ち、発酵が終わった時点でさらに食塩を加えて醤油を醸造するという。その目的は、醤油を醸造する際のさまざまな障害を除去し、熟成を促進し、短期間でいつでも良質の醤油をきわめて多量に醸造できるところにある。

ふつうの方法で大豆一石、小麦一石の割合で麹をつくる。そこに沸騰水一石六斗に食塩四斗ないし七斗を溶かした食塩水を混合する。塩は従来の諸味よりもはなはだ少量である。諸味を適当な容器に仕込み、間断なく徐々に攪拌しながら、容器の外側から熱を加え、常に一八―三〇度の温度を保たせる。

容器は蓋で密閉し、殺菌した空気を供給する。こうすれば諸味はつねに容器中で一様に平均して発酵し、かつ空気に触れる諸味表面は攪拌されるので、酸素が十分に供給され、短期間で完全に熟成する。

容器中に温度計を設置すれば諸味が熟成したかどうかわかる。醤油の諸味は熟成すれば温度が下がるからである。この時醤油の品質と塩加減を調節するために、諸味に沸騰水二―四斗に、食塩六―三斗を溶かして冷ました食塩水を混ぜ、数日攪拌を続けて完成させる。

鈴木より前にも短期間で醸造しようという試みはあったが、その多くは諸味桶を並べて、醤油蔵全体の温度は上がっても桶内部の温度まで一定に保つことはできなかった。

鈴木式では、つねに醤油の熟成にもっとも適した温度に保つことができ、またつねにゆっくり連続的に攪拌するので、平均して空気に触れ、酸素を供給することができる。従来法では諸味に急激な攪拌を数分間与えるにすぎなかったので、温度は適温でも発酵は平均せず、一部はまったく発酵せず、他はすでに熟成しているなどの不便があった。

また諸味の表面に有害菌が付着して腐敗をおこすので、防腐のため多量の食塩を添加するが、諸味にふくまれる有機物の全量を溶解することができないという不利な点があった。しかし本法では発酵の妨げとなる塩は熟成後にその大半を加えるので、諸味の熟成はきわめて短期間で済むことはもちろん、諸味中にふくまれる有機物のほとんど全量を溶解状態にすることができるため、同量の原料をもってはるかに良質の醤油を得ることができるという。

完成品の分析結果が示されていないので、軽々しく論評することはできないが、明細書の指摘するとおり従来の醸造法にはたしかに多くの欠点があった。

第一に非常に時間がかかった。でんぷんやタンパク質の分解はコウジカビ、アルコール発酵は酵母の働きによるが、増殖には長い時間を要し、分解反応もきわめてゆっくりとしていた。発酵槽を加温すれば、コウジカビと酵母を早く増殖させせられることは間違いない。

短時間で醤油を醸造しようとした者はそれ以前も珍しくなかったが、諸味桶を並べた蔵全体を加温するものだから、工員が出入りするたびに温度が変化して、目的を達成することができない。諸味桶内部にパイプを通し、そこに蒸気を通す案もあったが、パイプと直接接する部分しか温まらず、全体を均一の温度にすることはできなかった。

当時は蒸気力が主体の時代だったから、諸味の攪拌は蒸気力によっている。また、絶えず攪拌するため、諸味の溶存酸素濃度は上昇する。でんぷん、タンパク質の分解も進むはずである。

当時全国には約一万五〇〇〇軒もの造り醬油屋があったといわれるが、その多くは零細企業であり、工場で生産する「日本醬油」の新規参入は大きな脅威だった。東京小名木川の第一工場は年産六万石と国内最大の規模を誇り、鈴木はさらに明治四一年に兵庫県尼崎に第二工場の建設に着手した。敷地は八万五〇〇〇坪とより広大で、船舶が停泊できるよう、土砂を浚渫して用地の一部を埋め立てた。予定を繰り上げて七月に竣工、一〇月に新製品を出荷、第一、第二工場を合わせて年間生産量三〇万石、将来は一五〇万石を目指した。

製糖業界から醬油業界に参入するにあたって鈴木は、「甘い世渡りさらりとやめて、辛《から》い勤めも国のため」という狂歌をつくり、私財をすべて投じたが、醬油は砂糖のように甘くないどころか、ついには全財産を失なうという辛《つら》い経験になってしまったのである。近代的設備をそろえた大規模産業である製糖業で成功した手法をそのまま醬油づくりに持ち込んだのが原因と思われる。

鈴木藤三郎の子息鈴木五郎による評伝は、失敗の原因について考察している。醬油業界への参入にあたって鈴木は、在来の醬油醸造家と対立することを望まず、当初ヤマサ醬油の浜口吉右衛門に共同

日本醤油株式会社の工場

出典：室次郎編『大日本醸造家名鑑』醸造時報社，1908年，国立国会図書館デジタルコレクションより

事業を申し入れたが拒絶され、やむなく単独で事業をおこすことにしたという。醤油業界では日本醤油株式会社を大変な脅威とみなして結束を固め、醤油仲買店、小売店が日本醤油の製品を取り扱おうとすると、貸付金を即座に回収し、販売網を封鎖してしまった。このように販売網がないという大きな問題を抱えていた上に、製品の品質にもトラブルが生じた。

同社が創立された明治四〇年（一九〇七）は、日露戦争後で不景気だったため、商品に福引や景品などを付けて積極的に販売をしかけたが、尼崎工場から出荷した第一回製品の中に、あやまって下等品を上等品の樽に詰めたものや、カビが生えたりしたものがあり、いちじるしく評判を落としてしまった。『実業之世界』

（明治四二年一一月一日号）は同社の製品の欠点として、以下四点を挙げている。

・テリが悪いこと。いわゆる醬油の「テリ」であるが、調理する際に沈殿が生じ、色合いがよくない。従来の天秤搾りとよばれる方法に比べて機械で搾る際の圧力が強いため、諸味の粕がいくぶん混入するためである。また、搾った醬油の火入れにも熟練を欠いているためである。

・味に乏しいこと。原料諸味の熟成期間がみじかく、二か月間では到底タンパク質をアミノ酸に変化させられないので、良好な味わいが出ない。

・香りに乏しいこと。野田や銚子の醬油のように味醂で香りを付ける必要はないとして加えないためである。

・塩味のきかないこと。これまた原料の未成熟と製法に熟練しないためである。

さらに『実業之世界』の記者は、鈴木に対しては、原因は自分の考案した機械の能力と製造法の理論を過信して、実際上の熟練を蔑視したことに帰せざるを得ないと、まことに手厳しい。

麴の良否は醬油づくりにおいて重要な工程であるが、麴を鑑別するには長い経験を必要とする。しかし同社の技師にその能力はなかった。今一〇個の発酵タンクに酵母を仕込んだとして、すべてが同じ時間をかけ同じように生育をすることはないが、技師はその違いをみるのも素人であり、不揃いの麴で酵母を仕込み、理論上一律に生育したものと断定して諸味をつくり、熟成するか否かにかまわず二か月たてば搾油機で搾ってしまう。

漫然と理論のみを信頼して同一品質の優良品ができたと即断し、おおげさに福引付で売り出したことは、取りも直さず莫大な費用を払って品質が劣悪であると広告したようなものである。

このようなきびしい批判は、近代的な大規模産業である製糖と伝統的小規模工業である醤油のちがいを鮮明にさせる。砂糖の純度をひたすら高めていく製糖とちがって、生き物である微生物を扱う醸造工業にはもっと繊細さが必要だろう。発酵タンクの諸味を恒温で攪拌しつづけ好気的な条件にし、最初は食塩濃度を低くしてやれば、たしかに理論上はコウジカビも酵母もよく増殖するはずである。しかし特許明細書からは原料の大豆、小麦のタンパク質がどの程度アミノ酸に分解されているのかわからない。また、麴に関する記述もなく、その出来具合は不明である。ましてこれまで醤油づくりをしたことのない技師が、明細書通り二か月たったら即諸味を機械で搾り、直ちに出荷するというのは、いかにも危うさが感じられる。

事業の進め方も、あまり急がずに第一工場の製品の品質が安定し、市場の売れ行きを見定めてから、第二工場の建設に取かかってもよかったのではないか。

さて同社が福引付で売り出すため三〇万円もの大金を費やした上、不良品の回収に追われていた最中に、会社の存続をゆるがすような深刻な事件が相次いで生じた。第一は明治四二年（一九〇九）一一月、尼崎工場で製造した醤油からサッカリンが検出され、大阪府警の取り調べを受けたことである。サッカリンを添加したのは、生産費の節約と醤油に甘味をつけるためであった。この件が芳香と甘味がまるでないと評判が悪かった同社製品の信用を決定的に失墜させることになった。

当時の新聞報道を見ると、サッカリンが健康に有害であるか否かについて、識者の意見はかなり慎重との印象を受ける。それまでも醤油に甘味を付けるために飴を加えたり、色を濃くするためにカラメルを入れたりしていたし、そもそも高価な輸入品であるサッカリンを加えても儲かるものではない。識者が指摘するとおり、使用したサッカリンは以前試しに輸入されたものの残品だった。

問題はサッカリンの添加が国の定めた規則を無視するものだったことにある。この事件に先立つ明治三四年（一九〇一）一〇月一六日には、内務省令第三一号として「人工甘味質取締規則」が発令されている。これは日本における食品衛生法の草分けともいうべき規則であるが、食品添加物の歴史をたどる点からも大変興味深い。その第一条で、「人工甘味質トハサッカリン（甘精）其ノ他之ニ類スル化学的製品ニシテ含水炭素ニ非サルモノヲ謂フ」と定義し、第二条では、「販売ノ用ニ供スル飲食物ニハ人工甘味質ヲ加味スルコトヲ得ス」、但し第三条で「治療上ノ目的ニ供スヘキ飲食物ノ調味ニ人工甘味質ノ使用ヲ許可スルコトヲ得」、となっている。

つまりサッカリンは人体に有害だから加えてはならないとは述べておらず、治療用の飲食物に加えることはかまわないのである。この規則が制定される以前の日本では、人工甘味料を清涼飲料水に添加することはごく当り前だった。同じ明治三四年一〇月には新たに「砂糖消費税」が導入されたが、その目的は税収源をふやすことだった。政府としては大企業である製糖業者を保護育成することで企業からの税収をふやしたいが、国民が砂糖消費税を嫌って砂糖のかわりに人工甘味料を使うようになっては困るので、この法令によって、サッカリンを一般の商品に使用するのを禁じたのである。

ちなみにサッカリンの毒性に関しては、その後何度も論争になったが、現在では人体にそれほど有毒な化合物とは断定できないようである。むしろ砂糖の摂取を禁じられている糖尿病患者にとっては、貴重な甘味料となっている面がある。必ずしも人工物だから有害とは言えず、天然物の砂糖でも過剰に摂取すれば人体に有害となる。当時の識者の意見は説得力がある。

とはいえ、同社製品の品質に多くの疑念が抱かれていた時期である。世論の批判、反発はまことにきびしく、それまではもてはやしていたマスコミも一転きびしい報道を展開した。尼崎工場で製造された一万数千石もの醤油は大阪湾に投棄処分された。取引銀行による債務の取り立てもきびしく、社長の鈴木は職を辞し、自己の財産を処分して責任を取ったのである。

悪いことは続くもので、明治四三年（一九一〇）五月二七日深夜に同社尼崎工場から出火し、たちまち全焼してしまった。会社の損失は一二〇万円といわれた。出火原因については放火が疑われたが、結局醤油搾り用の油がしみた麻袋を積んでおいたものが自然発火したとされた。ここに至って日本醤油の命運は尽き、同年一一月同社は解散することになった。

醤油の製法を一挙に近代化しようとした日本醤油の壮大な試みは、もろくも崩れ去った。これは技術を第一に考え、販売面を考慮しなかった技師の失敗だろうか。古い工場を一気に近代化、大規模化して大勝負に出ようという試みは日本酒業界にもあったが、成功例は多くない。同社の失敗は従来法を墨守してきた醤油業界にとっては福音であり、正直ほっと胸をなでおろした者も大勢いただろうが、このために醤油業界の近代化は遅れてしまったともいえる。

科学技術の導入

画期的な醸造法を導入した「日本醤油株式会社」の新式醤油は、残念ながら短期間で姿を消してしまった。同じ頃、日本酒の大きな課題は酒の腐造、腐敗の防止だった。これを解決できなければ日本酒を外貨の獲得源として育てる見通しも立たない。火入れ法の改良、防腐剤サリチル酸の添加などの諸対策によって、こうした課題が解決され、また広島、秋田など地方の新興生産地の酒の品質が急激に向上しはじめるのは、明治も末頃になってからである。日本酒が国際的に認知され、世界的なアルコール飲料として受け入れられるまでには、まだ長い年月を要した。

こうした努力の結果、今日では日本メーカー間の技術格差は縮まり、経験を重んじる杜氏が高齢で引退しても、学校教育を受けた若い技術者が熱心に取り組んでいちじるしく品質も向上したのである。日本酒ほどではないにせよ、醤油についても明治以降は科学技術に基づいたさまざまな改良策が取り入れられた。まずは五感に頼っていたそれまでの仕込みを科学的に解明し、新しい方法に変えていった。明治一〇年代になって温度計が導入され、従来肌で判断していた麹室の温度も正確に把握できるようになった。加熱殺菌する火入れでは手を差し入れ、かき回すのに耐えられない温度を「手引き燗」と称したが、こうしたこともなくなった。

歌川広重（3代）画「下総国醤油製造之図」（明治10年）

明治一二年（一八七九）にはガラス製の浮きで比重を測定する「ボーメ比重計」が導入され、仕込み食塩水の正確な濃度を測定できるようになった。

また、酒づくりをすべて職人まかせにしていた酒造業界ではあまりなかったことだが、醤油業界の大手の中には、野田の茂木七郎右衛門（現・キッコーマン）のように自ら西洋科学を学んで現場で試してみる経営者も現れた。

彼らは明治初年から世界各地で開催されてきた「万国博覧会」に出品するなど、優れた品質を世界にアピールしようと考えていた。このほか各地の醤油同業者組合が相次いで試験所、研究所を設立しだした。たとえば、銚子の三大メーカーによる「銚子醤油組合試験所」（明治三二年）、野田の茂木和三郎による

「野田醤油試験所」（明治三七年）、香川県小豆島では「組合立醸造試験所」（明治三八年）、九州福岡の「醸造研究所」（明治四二年）などである。大学や国立醸造試験所の指導を受け、大学出の研究者が製品の品質向上に励んだ。

各工程について、太平洋戦争後までの改善点を見ていこう。こうした改善によって、それまで本格的な機械類を使用せず、すべて人力で原料の運搬、諸味の仕込み、火入れ、樽詰めを行なってきた醤油醸造業も次第に省力化が進んだ。(7)

①原料処理　原料の大豆は煮るが、小麦は炒る。しかし大豆をやわらかく煮るには時間がかかる。従来は大釜で煮ていたが、やがて蒸気を吹き込んで蒸煮する方法が一九〇〇年頃に考案され、次いで加圧蒸煮する「加圧蒸気釜」を使うのが一般的になった。

小麦は鋳鉄製フライパン状の「扁平釜（焙烙《ほうらく》）」の上で炒り、草箒で一分間程度攪拌した。この扁平釜は常に加熱しておく必要があり、攪拌には熟練を要した。明治時代後半に入って、一方から生小麦を送り込み、回転する円筒で直火で小麦を炒る「一重円筒麦炒機」が実用化された。さらにこの機械を改良し、小麦と砂を混ぜて炒る「混砂式回転麦炒機」が発明された。こうすれば小麦は急速に加熱されるし、砂は直ちに分離、再使用される。

従来硬質で石臼によって砕かなければならなかった小麦の粒も、やがて足踏式から動力式「ローラーミル」で加工されるようになった。

②麹づくり　日本酒業界には「一麹、二酛、三造り」という言葉がある。酒づくりの工程はこの順

で大事だという意味だが、醬油にも「一麴、二櫂、三火入」という言葉があって、麴が最重要であることは同じである。醬油麴は、大豆や小麦粒の表面にコウジカビ（学名 *Aspergillus oryzae*、黄麴菌《きこうじきん》ともよばれる）を繁殖させた、俗に「撒麴《さんきく》（ばらこうじ）」とよばれる麴である。醬油麴は蒸米のみの酒麴よりつくるのがむずかしい。

コウジカビが増殖するには、適当な温度と大量の酸素が必要で、そのため「麴室」は、温度を一定に保つ設備と換気がきわめて重要になる。昔は、麴室の壁に籾殻《もみがら》などの保温材を詰め、換気をよくするために換気口を設け、室内があまり湿潤にならないようにした。

蒸煮した大豆と炒った小麦を混ぜ、木製の浅い「麴蓋《こうじぶた》」一枚に約一升（一・八リットル）を盛って表面をならす（「盛込み」）。麴蓋は麴室の壁際に数百枚も積み上げる。コウジカビの生育を均一にするため、時々かきまぜてならすことを「手入れ」という。翌日朝の「一番手入れ」、同日午後の「二番手入れ」と二回行なう。麴蓋は積み替えて上下を交換する。この頃にはコウジカビの菌糸が十分に生育して表面が白っぽくなり、麴室の室温も三五度を超えるから、換気に留意する。三日目をそのままですごし、四日目の朝に麴を室から出すが、これを「出麴《でこうじ》」という。この頃には最初白かった菌糸も黄色っぽくなり、麴特有の「麴臭《こうじしゅう》」が感じられるようになる。

大量の麴蓋を準備し、人間が何度も積み替えなければならない作業は重労働である。麴を大量につくる機械を「製麴機《せいきくき》」とよぶが、もともとは欧米でビール用の麦芽をつくる機械を模してつくられたといわれる。

③微生物　醤油づくりにはでんぷん糖化を行なう麴のコウジカビ、アルコール発酵を行なう酵母といった微生物が欠かせない。一般的に各蔵に棲みついた「蔵付《くらつき》」の微生物が使われてきた。醤油酵母が生育しやすい弱酸性の環境を整えるには乳酸菌の存在はきわめて重要である。

千葉県野田では固有の種麴が配付された。小豆島の丸金醤油ではいち早く純粋培養酵母を添加してきた。諸味に乳酸菌を添加しはじめたのは大正年間で、松本憲次がはじめて試みた。

④仕込み　酒では、仕込み水の容量を、蒸米＋麴米の容量で除した値を、「汲水歩合《くみみずぶあい》」とよぶ。利用効率からいえば、なるべく汲水歩合を高くして原料を有効利用し、濃い酒をつくることが可能であり、近世の灘では、「十水《とみず》の仕込み」はすぐれた「のびのきく酒」を生み出したのである。

醤油についても、「〇水仕込み」という言葉があって、水の容量を大豆＋小麦の容量で除した値となる。「十水の仕込み」とは、水と原料の容量が等しいことを意味するが、一般には一〇―一一水の仕込みが行なわれていた。

圧搾機の導入

大豆と小麦の粒が混じっている醤油の諸味は、布袋に入れて搾ることによって清澄な醤油と、醤油滓に分離される。これは日本酒の醪を搾るのと同じ原理である。約一升の醤油諸味を木綿の袋に入れ、船の型をした木製の槽《ふね》に積み重ねる。一回八石の諸味を搾るためには、八〇〇枚もの袋が必要になる。

最初は自然に垂れてくる醬油を集め、次いで樫の柱の一端に重石をつるして圧力をかけ、少しずつ搾っていく。すべて搾り切るには六―七日間も要し、重石の総重量も一トンを超える。

大変な労力を要する圧搾の作業は、やがて人力から「螺旋式圧搾機」で行なうようになっていった。明治二一年（一八八八）に特許出願された「螺旋式圧搾機」は、もともと酒の醪を搾るためのものであったが、醬油にも応用された。その後水圧を利用する「野田式水圧機」が開発された。

醬油の仕込み容器には、最初は陶器製の壺や甕が用いられたが、時代が下がるとより大型の容器が必要になり、江戸時代にはほとんど木桶となった。醬油用の木桶は酒桶と同じで、深さ六尺以上もある。ただ醬油諸味には高濃度の食塩がふくまれているので木製は傷みやすい。鉄やコーティングした琺瑯《ほうろう》タンクでは耐久力が劣る。そこで角型の石造タンクや鉄筋コンクリート製タンクも開発された。諸味は時々攪拌して酸素を供給しなければならず、従来職人が櫂で攪拌していた。しかし大変な労力がかかるため、圧搾空気をポンプから送り込む「空気攪拌」が開発された。

諸味を搾ったばかりの「生揚《きあ》げ醬油」の火入れは、酒よりも高温の七〇―八〇度で行なう。醬油の殺菌、味と香りの向上、残存している酵素の活性を止めるためである。従来は諸味を釜に入れ、直火で沸騰させて火入れしたため醬油の品質をそこなうことが多かったが、二重釜を用い、間接式の湯煎火入れを行なうようになり、この問題は解決した。

そして二重釜式からさらに「蛇管方式」へと進化し、所要時間が短縮された。

工場建設と生産過剰

明治末年から大正初期頃にかけて、大手メーカーの生産現場は旧来の木造蔵から近代的な鉄筋コンクリート造の建物になっていく。これは日本酒業界よりも早かった。大正初期は第一次世界大戦による戦争景気に沸き、醤油も近代的工場で大量生産された。

大きな工場としては、野田醤油株式会社（現・キッコーマン）の第一七工場、銚子醤油株式会社の第一工場、ヤマサ醤油株式会社の第三工場などがある。このうち野田醤油第一七工場は、敷地面積一万五〇〇〇坪、建物面積一万三八〇〇坪もある巨大な工場で、年間生産量は一社だけで一〇万石を超えた。

こうした合理化によってコストが削減され、醤油は大増産されたが、第一次大戦が終結すると好況もなりをひそめ、さらに大正一二年（一九二三）の関東大震災によって、一転して未曾有の不景気に襲われ、生産過剰となってしまう。

値崩れした醤油は、乱売合戦が続いた。そこで業界では、野田醤油、ヤマサ醤油、銚子醤油の大手三社が首都圏で協定を結び、景品付き販売の中止を決めるなどの対策を講じている。

醤油の容器

醤油の輸送、貯蔵容器は、江戸時代は木製の樽が中心であったが、明治時代に入ると陶磁器製の瓶も使用されるようになった。またまとめて購入する軍への納入にはガラス壜が使用されはじめ、大正三年（一九一四）頃に野田醤油が酒の一升壜と同じ一・八リットル壜による販売をはじめている。大正一三年（一九二四）の度量衡法改正以後、キッコーマン、ヤマサ、ヒゲタなど大手業者は二リットル壜を使用するようになったが、中小業者は従来と同じ一・八リットル壜を使いつづけた。やがて二リットル壜が主力となった。缶容器は、海外輸出用に金属製のガロン缶が使われている。

粉末醤油

日本食を調理する際の特徴は、米を洗い、研ぎ、鍋で炊き、味噌汁をつくるのに必ず水を必要とすること、火をおこして炊飯するのに時間がかかることであり、この点はパンや肉、チーズなどを主体とした西欧風の食事に比べ不便である。こうした欠点は常に豊富に水が得られるとはかぎらない戦場の兵食において目立った。そこで野営の調理を簡単にするため、陸軍省糧秣廠を中心にさまざまな研究が進められた。後のインスタント食品の原点ともいうべきものである。

昭和六年（一九三一）頃からは、研がなくてよい「無洗米」が開発され、お湯で戻せる乾燥野菜が登場し、調味料の味噌と醤油も粉末化がはかられた。

醤油については、重くて持ち運びにくく、割れやすいガラス壜にかわって、缶詰や粉末化が指向された。プラスチック類やレトルトパウチが普及する前であるから、粉末にするのがもっとも便利だった。こうした研究は陸軍省糧秣本廠の技師長向井重雄がドイツから機械を購入して工業的製造を手がけたのがはじまりのようである。(8)

研究内容を詳しく見ると、原理的には乾燥粉ミルクと同じく、噴霧式乾燥法を用いている。醤油を密室中に噴霧すると同時に熱風を送り込んで乾燥させ、圧搾して固形にすれば、水分は完全に除去される。これで容量一リットルの醤油を五センチ角、重量六分の一程度の固まりに圧縮できた。乾燥醤油は軍隊用だけでなく、キャンプや非常時にも使用できる。

日華事変が長期化する様相を呈してきた昭和一三年（一九三八）には、「陸軍戦時給与規則・戦時糧秣定量」が改正されたが、これをみると戦時の軍隊食糧がどのようなものであったか知ることができる。主食は乾パン、副食は乾燥肉、乾燥野菜などである。調味料の味噌と醤油は、いずれも粉末化がはかられていた。四斗樽に入れて納入される醤油はやはり腐敗しやすかったのだろう、夏には防腐剤としてパラヒドロキシ安息香酸プロピル、パラヒドロキシ安息香酸ブチルなどが加えられている。

ハワイの醬油

明治以降海外に移民した日本人にとって、醬油と味噌は母国とのつながりを感じられる、単なる調味料以上のものであった。当初は日本製を船で輸入していたが、長期保存がむずかしくて腐敗が多く、やがて現地生産が企画されるようになった。アメリカでは醬油は日本酒とちがって禁酒法の影響を受けなかったが、その歩みは決して平坦なものではなかった。

ハワイにおける醬油の生産は、早くも明治二四年（一八九一）に山口県出身の島田治八、次いで山上信行によってはじめられ、「山上醬油醸造所」はたいへん繁昌したという。他にもいくつかの醸造所がホノルル市で開業した。太平洋戦争中は日本からの食品輸入が途絶し、日本酒の製造もできなくなった。多くの酒造会社が転業して醬油、味噌の製造に乗り出し、「富士醬油」「丸正醬油」「クラブ醬油」などを販売した。この時代は品不足ゆえに、品質が悪くても飛ぶように売れたという。なかには小麦粉グルテンを抽出し、塩酸加水分解したものを苛性ソーダで中和、稀釈してから甘味を加えて着色するという、風味のない色つき塩水のような醬油まであった。

興味深いのは、ハワイでは日本酒と同じく従来の習慣にとらわれない醬油の使い方が広まり、その後アメリカ本土や日本にまで影響を与えたことである。たとえば「バーベキュー醬油」は従来の醬油にニンニク、生姜など香辛料を加えたもので、これに漬けた肉を炭火で焼く。一九六〇年代にはすでにこうした料理ははじまっていて、それが後に「テリヤキソース」になったようである。

ハワイで発酵食品の製造に従事した二瓶孝夫によると、一九七〇年代のハワイ産醤油の特徴は、塩分が日本醤油よりやや少ないこと、糖分が多く、気温が高いので着色が急激に進むことなどである(9)。

統制の時代

日華事変、太平洋戦争を経た敗戦後までの醤油業界の状況は日本酒業界とかなり似ている。ともかく量を確保することが優先され、代用原料の使用と製造の簡易化が進んで品質は次第に低下していった。

まず昭和一五年（一九四〇）になって、はじめて醤油の規格が定められるが、同時に公定価格も決められた。同年八月に制定された規格は次のようなものだった(10)。

醤油をまず「濃口」「薄口」「溜」の三つに分け、それぞれ一等級から四等級まで設けた。長い時間をかけてタンパク質がよく分解されている醤油は、当然全窒素、エキスの含有量も多く、比重も増加する。しかし品質が低下すればこれらの値も下がる。四等級醤油は、三等級までの規格を満たさず、食塩濃度だけは同じという代物である。この規格でつくられた醤油の品質はまことになげかわしいものだった。

この規格に関しては、醤油業界人として苦しい胸の内を述べた松本憲次の文章がある(11)。すなわち、

原料配合比

種別	比重	純エキス	食塩
濃口 1 等級	21.0-22.5	14.0-17.0	18.0-19.0
2 等級	19.0 以上	11.0 以上	17.0 以上
3 等級	17.0 以上	8.0 以上	16.0 以上
4 等級	3 等級の規格に達しないもの		
淡口 1 等級	21.0-22.0	11.0-13.0	20.0-21.0
2 等級	19.0 以上	8.0 以上	19.0 以上
3 等級	17.0 以上	5.0 以上	18.0 以上
4 等級	3 等級の規格に達しないもの		
溜 1 等級	22.0-23.0	15.0-18.0	18.0-20.2
2 等級	20.0 以上	13.0 以上	17.0 以上
3 等級	18.0 以上	10.0 以上	16.0 以上
4 等級	3 等級の規格に達しないもの		

日華事変の長期化にともなってぜいたく品の製造販売禁止令が出され、資材の統制強化が行なわれ、醬油のみが現状を維持するのはむずかしくなった。軍部も醬油の質より量を要求したのである。

松本は、醸造家は何百年と品質の改善に没頭してきたのに、こうした時代になると品質を落とさざるをえないのは悲しい。以下いささか慰めだが、しかし永久ということはないと思う、ただ時代に従わざるをえないのである、と述べている。

翌昭和一六年（一九四一）一二月、日米は開戦した。戦局が思わしくなくなった昭和一八年（一九四三）には原料不足はさらに悪化し、醬油も配給制となったから、この煩雑な規格は簡易化され、それぞれ「上」と「並」の二等級となった。

太平洋戦争に敗れる直前の昭和二〇年（一九四五）七月には、容器や輸送量の不足を補うために、さらに薄い醬油が出荷されるようになった。翌二一年二月、規格の要件はさらに緩和されて比重だけ、味覚については「現行程度のもの」とされてしまった。まことにやむをえない措置とはいえ、これは醬油業界が堕落する原因となってしまったように思われる。

昭和二一年（一九四六）七月、政府は比重のボーメ度についてのみ規格を定め、「普通醤油の代用にすることが出来るもの」を「代用醤油」として政府が買い上げ配給することにしたが、この措置のせいで闇商人、闇業者の跋扈を許してしまった。

戦後も粗悪品が氾濫、横行したため、二二年四月には窒素と食塩濃度に関する規格が復活し、ようやく品質も底を打った。二二年九月には生産量の増加をはかるために「濃厚」「普通」の区別が廃止されて、全部が「醤油」の規格に統一された。[12] 同じ規格で「アミノサン」は比重、全窒素、食塩のみ、「粉醤油」に至っては食塩とアミノ態窒素のみ規格が定められた。

代用醤油

丸大豆、小麦、食塩、水だけを原料とし、微生物の働きで醸造するのが醤油である。しかし、前述のように昭和一五年までは統一規格がなかった。製造コストを下げるため、さまざまな代用原料を使用するかなり怪しげな醤油があったことは想像に難くない。

敗戦直後の昭和二一年（一九四六）度に入ると、醤油の欠乏が続くようになり、統制外の代用醤油はひっぱりだことなった。[13]

醸造試験所技師であった深井冬史《とうし》は、昭和初期から代用原料を用いた醤油の製造試験を行ない、昭和一四年（一九三九）に『化学醤油と代用原料仕込法』を上梓した。[14] 彼は将来をよく見通していたというべきか、本来の原料ではない代用原料がどこまで使用可能なのかよく検討している。物資不足がずっと続いた戦中・戦後に、そもそも醬油とは何か、代用原料でどこまで本物に近い醬油をつくることが可能なのか、限界を探っており、興味深い。

丸大豆のかわりに大豆油を抽出した脱脂大豆を使ったり醬油粕を再利用するなどは序の口で、その他にもじつにさまざまな可能性を追究している。このうちいくつかは今日実際に行なっているものもある。

サツマイモは糖質源として貴重だが、水分が多いため腐敗しやすいのが欠点である。そこでイモをスライス状にして乾燥させた「切干甘藷《きりぼしかんしょ》」を醬油諸味に添加して増量剤とする。でんぷん粕も利用する。大豆を煮た際に出る煮汁、いわゆる大豆の「飴」や、各種油粕、魚肉、皮革のコラーゲンなどが試みられている。

小麦の代用品としては、大麦、小麦ふすま、トウモロコシの実、さらには粗製ペントース廃液なども試している。これらの穀物は、もちろん大豆や小麦ほど多くのタンパク質を含んではいないから、できた醬油の品質も見劣りするものだった。

その他甘味料として甘草《かんぞう》、水飴、甘酒、サッカリン（当時はまだ使用が禁止されていた）、酸味料として乳酸、酢酸が、着色料としてカラメル（糖類を高温で加熱してつくる）、粘りをつけるための粘凋料としてでんぷん、糊、海藻類、水飴なども試験している。

深井はさらに魚類まで使って、「魚醬油」も試作しているが、この研究結果は、そもそも醬油とは何か、魚醬油とのちがいはどこなのか考える意味で面白い。

魚介類が生命を失うと、肉や内臓中の酵素の働きによって「自己消化」がはじまる。タンパク質はペプチドを経て、アミノ酸にまで分解される。水分含量の高い魚介類は、きわめて腐敗しやすい。腐敗は微生物によって起こり、微生物の増殖とともにどんどん進行するが、自己消化の方は魚介類自身の酵素によるもので、ある程度進行すると、平衡状態に到達してとまる。

鳥獣肉は自己消化によって肉質が軟化しておいしくなるし、水産食品の塩辛なども自己消化によって香味が増すことが知られている。自己消化は酵素反応であるから、pH（水素イオン濃度）、温度、塩類の有無によって影響される。サバやヒラメの自己消化は、pH四・五、四五度付近で早く進むが、アルカリを添加すると阻害される。食塩が五％程度あると自己消化はゆっくりになり、普通の醤油の一五—二〇％程度にもなると、タンパク質は分解するものの、平衡状態に到達するまでに数十日を要する。

自己消化と腐敗では、死後まず自己消化が起こり、次いで腐敗がはじまる。ちなみにいずれも微生物が関与する腐敗と発酵のちがいは、簡単にいえば、生産物が人間にとって有害であれば腐敗、有益であれば発酵である。

魚醤油はこの自己消化を利用した食品だが、穀物を原料とする醤油に品質は及ばないため、工業としてはそれほど発達せず現在に至ったと考えられる。そこで深井は、タンパク質分解力が強いイカの内臓に、でんぷんなど普通醤油の色素、香気などを有する「基礎物質」を添加して加温発酵させ、一か月で熟成させる速醸法を考案した。

コウジカビが有する酵素は、炭水化物の分解、糖化反応は強く早いが、タンパク質分解能は弱い。したがって生の魚肉や魚粕に麹を作用させてもよく生育せず、醤油で用いる方法をそのまま導入してもうまくいかない。生サバを煮沸してから圧搾ろ過し、粕を乾燥させたものに製麹しても、やはりうまくできない。

酵素によるタンパク質分解は効率が悪いので、魚粉をさまざまな濃度の塩酸で八時間煮沸、加水分解した後中和し、原料中の窒素量を測定してタンパク質の分解度を測定した。塩酸濃度を上げるほど分解効率はよいが、魚に由来する不快臭が付いた。

魚肉だけではやはりうまくいかない。魚は乾燥魚粉とし、アルカリ処理して加水分解、さらに魚とほぼ等量の甘藷麴、醤麦、もみ殻などの炭水化物を加えることで、どうやら実用化できる程度の試作品ができたが、これは普通の醤油と魚醤の中間のようなものだろう。それなら大豆タンパク質をもっと早く分解することを考えた方が、原料利用効率はよい。次項の「新式二号醤油」はそうして誕生したものといえよう。

新式二号醤油

長い間続いた戦争は日本の敗戦によって終結したが、戦後しばらくの間は食糧難が続き、醤油の原料になる大豆、小麦は大幅に不足し、各社は入手に苦労した。そこでさまざまな代用品が試みられた。最下級品としては、食塩水を醤油の搾り粕で着色した「代用醤油」や、アミノ酸液で醸造した醤油を増量する「アミノ酸液混合醬油」なども市場に出回った。

原料のタンパク質に濃塩酸を加えて加水分解すれば、短時間で構成アミノ酸になる。時間もかからず、原料の利用効率もいちじるしく高まるが、強酸性であるから、これを中和するのに大量のアルカリが必要となるし、その際の発熱（中和熱）も大きな障害となる。また食品である醬油に大量の塩酸を添加することは、安全性を考えると好ましいものではない。

醬油業界では、戦前から原料利用率の向上が大きな課題であり、研究者たちは熱心に取り組んできた。原料窒素利用率（TNUR）とは、原料中の全窒素と、諸味中に溶出した全窒素の比率を指す。昭和一五年（一九四〇）に野田醬油の仲谷一二が発表した研究によると、醸造法では約一―二年間も要し、丸大豆使用の場合六八・四％、脱脂大豆ではやや低いが六三％と大差はないのに対し、化学的な塩酸分解法によれば利用率は一挙に八〇％に達し、しかもわずか一週間ですむ。原料利用効率だけ見れば、醬油は時間のかかる醸造法などに頼らず、すべからく化学的方法で製造すればアミノ酸を高能率で回収でき、それでよいではないかという結論に達するだろう。

敗戦後醬油の生産量は戦前の三〇―五〇％にまで低下し、おまけに原料は入手困難だった。昭和二三年（一九四八）になって、新たに原料として「大豆ミール」（大豆粕を粉砕したもので、タンパク質含量が高い。主に家畜の飼料）が放出されることになったが、その際業界にどのように配分するかが問題となった。絶対的な権限を持っていた連合軍総司令部（GHQ）経済科学局では、当初醸造醬油業界には二、アミノ酸業界には八の割合で大豆ミールを配給することにしたが、これでは製造される醬油

新式2号の製造工程一例

工程	分解工程	製麹工程
第1日	汲水，塩酸分解，混合調整， 6%，3倍量	コプラミール120%散水， 蒸して盛込
第2日	12時間分解 塩酸液加温80℃ ミール添加，加温煮沸	一番手入れ，二番手入れ
第3日	ソーダ灰にて中和　pH5.5 食塩添加後放置，品温降下を待つ	品温調節
第4日	pHチェック，品温が50℃となった時， 麹を仕込む。麹添加後45℃となる。	4日麹とし，麹を分解液に添加
第5日	仕込後40℃以上で約2週間保つ (または45日～60日)	

がすべてアミノ酸醤油になる懸念が生じた。

この危機を救ったのが野田醤油の舘野正淳と梅田勇雄が発明した「新式一号醤油」である。醤油粕を六―七％の塩酸で分解した塩酸分解物に、醤油粕やコプラミール（ココヤシ果肉から油を搾った後の粕）を原料に麹をつくり、醤油を醸造する技術である。

さらに次の「新式二号醤油」では、大豆ミールを塩酸加水分解した後に中和し、小麦穀粒から小麦粉を取った後の廃棄物「ふすま麹」を加えて一か月間発酵させ、原料窒素利用率を八〇％にまで高めることができた（表を参照）。

この説明を受けてGHQのアップルトンは、上申書をマーカット少将に提出し、調査の結果消費者の八割が醸造醤油を支持していたこともあり、大豆ミールの配分は、醸造醤油業界七に対してアミノ酸業界二へと、逆転することになった。醸造醤油が絶滅してしまう危機を免れることができたのである。

梅田、舘野らの報告[(15)]によると、醸造醤油の大きな欠点は原料利用効率の低いこと、醸造に長期間を要することだが、「新式二号醤油」はそれを改善することができた。

製造法の詳細は、ミール（または脱脂大豆、大豆粉）などタンパク質原料に、三倍量の六％塩酸を加え一〇時間分解する。次に粉末ソーダ灰を加えてpHを五・五に中和する。さらに食塩を加えてよく攪拌して溶解させる。この中和液の温度が四五度になった時、別に常法によって製造した「コプラミール麹」（麩麹、粕麹で代用も可）を加え、約一か月の間品温低下を防ぎつつ、熟成させる。

これは「一回分解法」であるが、より薄い塩酸を用い、二度にわたって分解する「二回分解法」によってもいい。

本法の特徴としては、

・原料窒素利用効率がアミノ酸醤油と同等、あるいはそれ以上。
・原料炭水化物の高度利用。
・ソーダ灰の使用量が少ない。
・タンパク質分解臭が全然なく、麹を使用するため、醸造醤油の香気がある。
・醸造醤油に比べて原料利用効率が大、かつ製麹操作が大部分省かれ、短期間で製造できる。
・ボイラー設備のある醸造場ならどこでもできる。

などであった。従来の化学醤油の原料利用効率は高いが、高濃度の塩酸で加水分解するため、不快なタンパク質分解臭がどうしても除去できなかった。塩酸濃度を低くすることでこの欠点を改良し、また化学分解法と発酵法とを併用して醤油らしい香気をつけ、短期間で醤油を製造することができるという。アミノ酸醤油よりは醸造醤油に近い、いわば化学法と発酵法の長所を併せ持つ折衷法ともいうべきものだった。

ただ、実際にはこれでもまだ欠点は残ったようだ。先の醸造試験所深井冬史によると、この方法は醸造試験所において大正一五年頃から「半化学醸造」として試験していたが、発酵が進まず、香りにも問題があったという(16)。

まだ完全な製造法とはいえないが、新式二号醤油が原料不足の戦後に醤油業界の危機を救ったことはまちがいなく、梅田らが日本発明協会から恩賜発明賞を授与されたのももっともであろう。

ただし、日本酒にとって大事なものがアルコールと、甘味、各種の有機酸だけではないのと同様、醤油も塩味と呈味性アミノ酸があればよいというものでもない。原料不足が好転すれば、醤油も品質が第一となる。完全に昔ながらの発酵法ではないけれども、その土地の原料を使い、じっくり時間をかけて発酵させた自然食品の醤油が求められるようになっていくのである。

醤油のカビ

年配の方から、「昔の醤油はよくカビが生えたものだが、最近はそうしたこともなくなった」という話をよく聞く。たしかに昔は醤油の表面に白っぽいカビのようなものが生えてくることが多かった。

原料不足が続いた戦中・戦後は、醬油の規格が緩和され、全窒素量も全体に少なかったから、かびやすかった。「醬油のカビ」とは「産膜酵母」とよばれる、液体表面に膜を形成する微生物である。高塩濃度の下では、多くの微生物は増殖しにくく、日本酒よりも高い八〇度程度で「火入れ」（低温殺菌）を行なっているのに、なぜこうしたことが起こるのだろうか。醬油の微生物汚染には、「湧き」と「白黴」があり、湧きは酵母が再発酵することによるガスの発生であり、白黴は産膜酵母による膜の形成である。

一見カビのように見える産膜酵母（学名 *Zygosaccharomyces rouxii*）は、白黴になると、醬油らしい香気がそこなわれて納豆のような不快臭が出るが、その原因は醬油酵母とは遺伝子型のことなる産膜酵母が醬油中のバリン、ロイシンなどの分岐鎖アミノ酸を膜表面の好気的条件の下で酸化し、αケト酸、アルデヒドを経て、分岐鎖脂肪酸をつくるためだという。

産膜酵母の増殖を防ぐには、念入りに火入れを行なう、アルコールを加えて冷蔵する、安息香酸など保存料を添加すればよい。最近は醬油の壜は冷蔵庫に保管するし、[17]醬油を使用しても内部まで空気が入らない容器も開発されているので、白黴もほとんど生じなくなった。

アメリカ本土における生産

アメリカ合衆国へは、明治初年以来日本人が移民したが、ここでも味噌とならんで和食に必須の醬油は、当初から輸出されている。日本人移民が増加するにつれて醬油の輸出量もふえたが、この時期の醬油はあくまで日系人向けの調味料であり、消費地はハワイやカリフォルニアが中心であった。

昭和三〇年代になると、日本に駐留してすき焼き、すしに親しんだアメリカ人や、結婚して渡米した日本人女性を通じ、醬油はアメリカ本土にも普及していった。

アメリカ人にはなじみのない、醬油というアジアの発酵調味料を普及させるまでのキッコーマン現地販売会社の苦労については、すでに多くの報告がある。今ではあまりにも有名になってしまったが、得体のしれない黒っぽい汁を「バグ・ジュース（虫の汁）」といわれたのは、たしかに云い得て妙である。

醬油は、すき焼き以外の肉料理にも合うので、アメリカの現地販売員は積極的に料理教室を開くなどして普及につとめた。その結果、醬油はテリヤキソースとして好評を得るようになった。

太平洋戦争の敗戦、その後の米軍による占領は、日本の醬油醸造業にとっても大きな試練となった。日本酒同様、醬油の原料も割当制であったが、本当に品質のよい醬油がどんなものであるのか、文化がちがい、合理性を重視するアメリカ人には理解されにくかった。時間をかけてつくる本醸造の醬油より、小麦粉グルテンを塩酸加水分解、中和してつくる「アミノ酸醬油」で十分である、原料の利用効率もその方がよいとまで米軍担当者に言われたという。キッコーマンでは窮余の策として、大豆を弱塩酸で処理し、麴を加えて二か月間熟成させた「新式二号」とよばれる醬油を製造した。これがきわめて好評であり、熟成する天然醬油の良さを再認識したという。

戦後になって醤油の対米輸出は再開されたが、その量は昭和三五年（一九六〇）頃までは年間八六〇キロリットル（二〇〇〇ポンド）程度にすぎない。しかし、そのほかに、主にスーパーマーケットで販売されるアメリカ製醤油が二〇〇〇キロリットルもあった。こちらは脱脂大豆を塩酸加水分解した化学醤油である。日本からの輸入量はその後一〇年間で激増し、香港からの輸入もまた漸増した。

輸出がふえると、輸送コストを合理化する問題が浮上した。最初は大型容器に詰めた醤油をコンテナ船で運び、現地で壜詰めしたが、やがて原料の調達が容易になると、海上輸送運賃、関税も不要な、現地一貫生産が指向された。原料の大豆、小麦、塩、いずれも良質なものがアメリカ本土で入手できるからである。

工場を建てるのに適した土地を探しまわり、中西部ウイスコンシン州のウォルワース（Walworth）という小さな町に行きついた。一九七二年に工場の建設がスタートし、七四年に操業を開始した。醤油というアメリカ人にとってはなじみのない発酵調味料の工場を建設するにあたって、当初は静かな環境が破壊されると、地元民の強烈な反対にあった。ねばり強い説得の末にようやく建設が認められ、工場は一九七三年に完成し、年間九〇〇〇キロリットルの醤油が生産された。

アメリカ工場で生産量が増加するとともに、日本からの輸入量は大きく減少したが、総消費量を見ると一九五六年の二五〇〇キロリットル余から一九八二年には五万キロリットル（輸入九〇〇〇キロリットル、米国産四万一〇〇〇キロリットル）まで大きく増加している。(18)

こうしてはじまったキッコーマンの醤油の海外生産は、以後アメリカのカリフォルニア州フォルサム、台湾、シンガポール、中国、オランダにまで広がり、二〇〇六年度の生産量は一八万六〇〇〇キロリットルとなっている。醬油はもはや世界の発酵調味料として定着したといってよい。その理由としては「テリヤキソース」など肉料理ときわめて相性がよいことが挙げられるだろう。

その後他のメーカーもキッコーマンに続いて醬油の海外生産に取り組んだ。ヤマサ醬油は一九九四年アメリカ合衆国オレゴン州に、正田醬油株式会社は二〇〇一年イギリスのウエールズに、丸金醬油は二〇〇五年中国大連市に、相次いで海外工場を建設した。海外の工場生産量は、二〇一〇年には約一一九万キロリットルと、一九七四年の二四倍にも達し、国内全消費量の約二四％に及んでいる。一方、海外生産が増加するとともに、日本からの輸出量は二〇〇八年の約二万キロリットルを頂点に、やや停滞気味である。

こうした世界的な消費の拡大の背景には、もちろん昨今の和食ブームもあるが、醬油がかつてのテリヤキソースだけでなく、人々になじみのある調味料になったことがあるだろう(19)。

第十章　最近の醤油

　残念なことに醤油の国内消費量は減少してきている。特に家庭用醤油は落ち込みが激しく、一九八五年から二〇一五年までにおおよそ半分以下にまでになった。その理由として、外食の普及もあるが、従来各家庭でつくっていた麺つゆやポン酢などの調味料も購入するようになったことが挙げられる。日本酒業界でも大きな悩みである伝統的食品の需要の減少は、深刻な問題であろう。そうした時代にあって、将来の方向性を示唆している最近の話題をいくつか拾って、結びとしよう。

御用醤油醸造場

　昭和一四年（一九三九）に野田市の江戸川堤防沿いにキッコーマンの「御用醤油醸造場」が建設された。ここで醸造された醤油は宮内庁に納入され、皇室で使われた。まわりを堀で囲まれ、赤い橋を渡ったところにある建物は、建坪一一一坪、純日本風白壁のまさに城のような外観をしていた。

皇室用であるから、清潔な環境の下で最高品質の醬油が醸造された。昭和四〇年（一九六五）の報告(1)によると、会社の作業標準は、原材料はおよそ求めうる最高級のものを選定使用し、処理にあたっても、人力の及ぶかぎり慎重丁寧に行ない、当時の醸造技術の最優秀品を謹醸することを目的とした。大豆は国内産の土浦赤鞘大豆、北海大豆、朝鮮大豆の最優秀品を、小麦も千葉、埼玉、茨城、栃木県の一等品を、食塩も内地の一等品、水は本社の水道部から送水、ろ過した上で使用した。

仕込み配合は、一般向けとはことなり、会社の創立以来行なわれてきた原料配合比五二：四八（容量）、塩水一〇・三水となっていた。大豆は脱脂大豆ではなく、丸大豆である。麴づくりは麴室で麴蓋を用い、清潔に保つため麴蓋は毎回洗浄した。春の仕込みは三、四、五月、秋は一〇、一一月、冬は一、二月の合計七か月とし、夏の仕込みを避けた。天然仕込みでは、やはり夏の諸味は香り、味の面で劣ることが経験的に知られていたからである。

醬油は朱塗りの大桶（容量は一本一七石）計一〇本に仕込む。またすべての醸造用具も朱塗りであった。毎日の諸味攪拌も、当然人の手による「手がき」で行なう。手がきは大変だが、機械では諸味に空気を多く送り込んでしまい醬油酵母の呼吸や増殖が進んで、アルコール発酵は微弱になる。夏の仕込みを避け、また諸味をあまり攪拌しないのは、古来の知恵と思われる。

発酵終了後の諸味搾りは、さすがに手間がかかるためか、圧搾機を使用した。丸大豆由来の油を分離し、滓を完全に除去してから、火入れ直前にろ過する。火入れ温度は六五―六八度、火入れ後に滓下げとろ過を行なう。

移築されたキッコーマン御用蔵。2017年，筆者撮影

圧力をかけずに搾る「自然垂れ醬油」を分析すると、糖分とアルコール分が多く、発酵がよく進んで、旨味に富んでいることが推察される。

コスト面から、戦後は脱脂大豆の使用が一般的となった。丸大豆を使う企業は少数派になりつつあったが、丸大豆を用いると醬油のつややかさと品質が長持ちする。最高品質の原料を用い、清潔な環境の下で丁寧につくられた御用醬油は、伝統技法を後世に伝えようとする同社の意気込みが感じられた。

昭和一四年につくられた御用醬油醸造所（通称「御用蔵」）は、建築七〇年の節目を前にした二〇一一年に同社の野田工場内に移築された。木造二階建て四六九平方メートルの醸造所は、門、石垣、屋根瓦が再使用され、当初の面影をよく残している。また今も木の仕込み桶が使用されている。

昔使われていた道具類が展示され、伝統的な作業を映像で見ることもできる。こうした展示法は最近では日本酒の酒蔵にもあって、「酒工房」などとよばれる。ただ古い道具類を展示するだけではなく、見学者は実際に稼働している工房を間近に見ながら、醤油の製造工程を理解することができる。その際諸味の香り、熱などを体感できれば、なおうれしい。

ここでは現在も宮内庁に納める醤油を醸造しており、また一年に一度「亀甲萬しぼりたて生醤油御用蔵生」という製品を一般消費者向けに数量限定で販売している。酒の世界における「純米大吟醸酒」のようで、最高級の国産大豆、小麦、食塩を使用してつくられる。仕込みは一年間かけて発酵、熟成させた「生しょうゆ」を使う「二段熟成」であり、色が濃く、力強い味の醤油である。決して安価ではないが、伝統的技法を今後も残そうとする意気込みが感じられる。

移築された醤油店

外国人観光客にも人気のある江戸東京博物館の分館、「江戸東京たてもの園」は、中央線武蔵小金井駅に近く、七ヘクタールの敷地に江戸や明治時代の住宅、農家、風呂屋、旅館などが移築・保存されていて、庶民の暮らしぶりをしのぶことができる。

ここに居酒屋とならんで醤油の小売店もある。大正時代から現在の港区白金五丁目、山手線恵比寿駅の東側で営業していた小寺醤油店は、その後昭和八年（一九三三）にこの建物を新築した。「出桁《だしげた》づくり」とよばれる二階建ての店舗併用住宅である。看板は「醤油店」であるが、昔の醤油店は酒も味噌も販売していた。

昭和初期の醤油店。小寺醤油店，江戸東京たてもの園，2017年，筆者撮影

嗜好の地域差

醤油には濃口、淡口の他に、九州では「甘口醤油」があると、かなり以前から指摘されてきたが、これを詳細に研究した例はなかったようである。

二〇一六年にキッコーマンが行なった分析結果は、きわめて興味深い[2]。北海道から九州まで、地域ごとに売れ筋商品のリストを作成し、上位五製品の平均値をその地域における「代表分析値」とした。各地域名と上位五製品のシェア（市場占有率）は、北海道（四四・三％）、東北（四一・七）、関東外郭（三八・二）、首都圏（四四・二）、中京（四四・二）、近畿（四九・四）、四国（四〇・九）、中国（二七・〇）、九州（一九・〇）となっている。注目すべきは、大手メーカーによる寡占化が進む中で、九州の一九・〇％という値はきわだって低く、地元産の醤油が好まれる傾向がある。

分析は、食塩濃度、糖濃度、レブリン酸濃度（アミノ酸液）、HEMF濃度（しょうゆ醸造香）、グルタミン酸、核酸濃度（旨味）について行なわれた。

①食塩濃度　他地域の平均約一六％に対して、北海道は一二％、近畿と九州が一四―一六％と低い。北海道では昆布しょうゆ、近畿では減塩醤油が好まれるためと思われる。

②糖濃度　醤油の甘味は、ふくまれる単糖のブドウ糖（グルコース）、二糖の砂糖（シュークロース）に由来するが、最近では天然甘味料の甘草《かんぞう》（甘味成分はグリチルリチン）も添加されている。そこでグ

リチルリチンの濃度をグルコースの甘味に換算して（グルコース換算値％）比較したところ、九州産は圧倒的に甘味が強く、首都圏産の四倍近い値となった。これに次いで甘いのが、中国、四国産で、「醤油は西へ行くほど甘い」という説が裏付けられた。

③レブリン酸濃度　レブリン酸は、糖が塩酸で加水分解された時に生成し、醸造醤油にはふくまれないので、アミノ酸液をふくむ混合しょうゆ、混合醸造醤油の検出に用いられる。レブリン酸は北陸、東北、中国、九州産に際立って多く、一方北海道、首都圏、近畿産からはほとんど検出されない。昔からの産地である首都圏や近畿でつくるのは醸造醤油がほとんどであり、混合しょうゆは使用されていないことが裏付けられる。

④ＨＥＭＦ濃度　醸造醤油のカラメル様の香りは、ＨＥＭＦとよばれる物質であるが、レブリン酸とは逆に醸造醤油の多い首都圏、中京、近畿では高く、九州、中国では少なくなっている。

⑤グルタミン酸　昆布の旨味グルタミン酸ナトリウム、シイタケの旨味核酸（グアニル酸、イノシン酸）が共在すると、旨味は相乗的に高まることが経験的に知られている。両者の濃度をもとに「旨味強度」を算出すると、北陸、四国、中国、九州の醤油ではグルタミン酸と核酸のバランスがよく取れているものが多く、首都圏、中京、近畿ではほとんど核酸は使用されていないことが明らかになった。

この分析結果は、これまでは漠然といわれていたことが事実であることを科学的に裏付けたもので、醤油をベースとした料理の嗜好が、現在でも地方によってかなり差があること示す大変有意義なものといえる。

九州で甘い醤油がつくられるのは、江戸時代に長崎で輸入された砂糖をハレの日の御馳走にふんだんに使用した、隠し味として加えぜいたくをした、などが理由といわれる。

キッコーマンによる研究[3]は北海道、東北、北陸、関東外郭、首都圏、中京、近畿、中国、四国、九州の一〇地域から、上位五サンプルを選定し、一三の特性（アルコール臭、すっとした香り、沢庵漬けのにおい、昆布の香り、鰹節の香り、沢庵漬け風味、昆布風味、鰹節風味、まろやかさ、塩味、旨味、甘味、べたつき）を九段階の尺度で数値化した。パネラーは一般消費者から二五―五八歳の女性五〇名である。

その結果、これまで言われてきた醤油の地域別特性が裏づけられた。一〇地域は以下の三つに分類される。
・塩味が強い醤油のみを使用する地域：東北、関東外郭、中京
・塩味が強い醤油とそれ以外の醤油を併用する地域：北陸、首都圏、近畿、四国
・塩味が強い醤油以外を主に使用する地域：北海道、中国、九州
現在日本のほとんどの地域では塩味の強い醤油が使用されているが、北海道、中国、九州など首都圏から離れた地域では、旨味や甘味の強い醤油が好まれる傾向がある。各地域の食文化に醤油がどのような影響を与えているか、まだまだ興味は尽きない。

容器の変遷と鮮度

江戸時代、輸送、貯蔵用には木の樽が使用された。醤油樽も酒樽と同じく杉の四斗樽が広く使用された。江戸の町には「明樽問屋」という樽を扱う問屋があって、関西から江戸へ「下り酒」を運んだ後の空樽を明樽問屋が買って、醤油屋や漬物樽に売り、最後には上水道の井戸枠、居酒屋の腰掛など無駄にすることなく使われた。奈良吉野の林業地でつくる樽は、かなり早くから規格があった。「下り物」の商品を詰めた樽は、上方から江戸へ一方通行で運ばれたようである。

輸送用、貯蔵用の容器は樽であるが、購入した消費者は醤油をさらに小分けし、陶磁器の壺、瓶、徳利、最後は醤油差しに入れた。自家製であれ、購入したものであれ、醤油は貴重品だったから、大事に長く使った。

樽や陶磁器製の容器に代わってガラス製の壜が登場したのは、大正一〇年（一九二一）頃からといわれる[4]。一升（一・八リットル）壜は酒用の壜と共用されることもあったが、やがて大正一四年には二リットル入りの壜も使用されるようになった。メートル法の採用が意外に早かったことには驚く。今の人にはリサイクル容器は新鮮に映るようだが、ガラス壜は古くから当り前にリサイクルされた。しかし、戦後に世帯人数が減るとともに、重い上にかさばる一升壜は敬遠されるようになった。

小型の醤油容器としては、昭和三三年（一九五八）にキッコーマンから、醤油差しを兼ねた卓上び

榮久庵憲司がデザインし1961年に製品化された卓上びんは優れた機能美が評価され，ニューヨーク近代美術館にも収蔵されている

ん（一五〇ミリリットル入り）が発売され、現在まで続くロングセラー商品となっている。

金属製の缶は、大正九年頃から輸出用醤油の容器として使用されている。こちらはガロン単位で（一ガロン＝約三・八リットル）一ガロン入り、五ガロン入り缶が製造された。金属缶は丈夫であるが、食塩を多量にふくむ醤油の容器としては錆が発生する欠点があり、内面にコーティングを施さなければあまり適していない。昭和一〇年（一九三五）頃には全容器の一〇％程度にまで増加したが、戦時中の金属不足により一時消え去った。

紙容器は昭和三八年に先のガラス製卓上壜の詰め替え用として販売されたが、当初は醤油が浸透するなどの欠点があって、市場で受け入れられなかった。紙容器にかわるものとして、ＰＶＣ（ポリ塩化ビニル）容器が開発されて昭和四〇年から販売された。こわれない、片手でも使える、よごれないなどの長所があったが、ＰＶＣモノマーの発がん性がアメリカで問題になった。これにかわる容器としてＰＥＴボトルが開発され、昭和五二年から採用されて現在に至っている。内面のフィルムにアルミ、シリカを蒸着する技術が進歩し、安定して醤油を保存することが可能になった。(5)

誰もが日常感じることだが、買ってきて封を切ったばかりの新鮮な醤油は、色が赤っぽく、さわやかな香りがある。しかし長く置いておくと、次第に色が黒っぽくなり、香りは重くなり、水分が蒸発して粘りも出、別の調味料のように感じられる。

日本酒も昔は常温で罎を放置するのが当たり前だったが、吟醸酒の冷酒が普及するにつれ、冷蔵庫に保管されるようになった。封を切ったら、おいしさと香りがあるうちに飲み切ってしまう。醤油もさすがにカビが生えるようなことこそなくなったが、業界は品質保持対策にあまり熱心ではなかった。

品質を低下させる原因は空気との接触による酸化である。ヤマサ醤油が行なった試験では、小型の卓上罎が色が濃くなるまでに約四週間ともっとも早く、大型の常温ペットボトル、冷蔵ペットボトルではやや遅いが、それでも一四週目あたりで黒くなる。家庭でよく購入する一―二リットル入り大型ペットボトルの場合、使いきるまでに酸化が進み、劣化した醤油を使うことになる。意外にも酸化防止に本格的に取り組んだメーカーは最近までなかったのである。小型の卓上罎でも、醤油を注ぐたびに酸素を含む空気が入る。

ヤマサ醤油が長い時間をかけて開発した「鮮度の一滴」の新容器は、ＰＩＤ（パウチインディスペンサー）とよばれ、開封後常温で保存して一八〇日間も搾りたての風味を保つことができ、従来のペットボトル容器にはるかにまさる。醤油が容器に充填された時点でほぼ真空状態となり、注ぎ口から醤油を出しても外からの空気が入ってくることはない。また容器は従来の三分の二の樹脂量で済み、経済的である。(6)

二〇一五年の国内醤油出荷量は約七八万キロリットルで、二〇〇五年から一七%も減少している。こうした中で、キッコーマンは主力の野田工場における生産量を現在の二倍に引き上げようと計画している。同社の主力商品「いつでも新鮮」シリーズが好評で、売り上げが増大しているためだ。この商品も先の「鮮度の一滴」同様、密閉型容器中で酸化を防ぎ、品質が長く保たれる。

醸造食品である醤油や酒は、常温での劣化が早いから、もっと品質管理に気を配らねばいけなかった。冷蔵庫が普及し、容器の改良も進み、消費者は高価格であっても、鮮度がよくおいしい商品を歓迎する時代となった。

文献一覧

第一章

(1) 石毛直道『食の文化地理』朝日新聞社、一九九五年、二二八頁
(2) リコッティ著、武谷なおみ訳『古代ローマの饗宴』講談社学術文庫、二〇一一年、三五七頁
(3) 塚本研一「しょっつるの現状と今後の方向」『日本海水学会誌』第七〇巻五号、二〇一六年、二八九頁
(4) 森真由美・小柳喬「石川県能登の魚醤油「いしる」」『日本海水学会誌』第七〇巻五号、二〇一六年、二九五頁
(5) 道畠俊英・佐渡康夫・矢野俊博・榎本俊樹「イシル（魚醤油）の遊離アミノ酸、オリゴペプチド、有機酸、核酸関連物質」『日本食品科学工学会誌』第四七巻三号、二〇〇〇年、二四一頁
(6) 印南敏秀「瀬戸内海の沿海文化28　香川のイカナゴ醤油」『瀬戸内海』第七二巻、瀬戸内海環境保全協会、二〇一六年、七一頁
(7) 野田文雄「東南アジアの魚醤油」『日本醸造協会誌』第八八巻七号、一九九三年、五三一頁
(8) 石毛直道、ケネス・ラドル『魚醤とナレズシの研究』岩波書店、一九九〇年、二八〇頁
(9) 栃倉辰六郎編『醤油の科学と技術』日本醸造協会、一九八八年、一五二頁
(10) 亀井健一・今村美穂「醤油のおいしさは五感のみならず」『おいしさの科学』第四巻、二〇〇八年、二〇頁

第二章

(1) 坪井清足「平城宮跡」『国文学：解釈と鑑賞』第三〇巻五号、至文堂、一九六五年、二九頁
(2) 関根真隆『奈良朝食生活の研究』吉川弘文館、一九六九年、一九二頁
(3) 皇典講究所、全国神職会校訂『延喜式』下巻、大岡山書店、一九三二年、一〇三九頁
(4) 前掲2

第三章

(1) 吉田元「禅宗寺院の食生活——蔭涼軒日録」『山崎泰廣教授古希記念論文集　密教と諸文化の交流』一九九八年、三五三頁
(2) 吉田元『日本の食と酒』講談社学術文庫、二〇一四年、二一五頁
(3) 松本忠久『平安時代の醤油を味わう』新風舎、二〇〇六年

第四章

(1) 「料理物語」塙保己一編纂、太田藤四郎補『続群書類従』第一九輯下、八木書店、二〇一三年、三七一頁
(2) 江原恵『江戸料理史・考』河出書房新社、一九八六年、二一八頁
(3) 人見必大著、島田勇雄訳注『本朝食鑑』1、平凡社、一九七六年、一一四頁
(4) 寺島良安著、和漢三才図会刊行委員会編『和漢三才図会』下、東京美術、一九七〇年、一四五四頁
(5) 「関西地方の醤油醸造」林玲子・天野雅敏編『日本の味　醤油の歴史』吉川弘文館、二〇〇五年、五二頁
(6) 黒川道祐著、立川美彦編『訓読　雍州府志』臨川書店、一九九七年、二一六頁
(7) 長谷川彰『近世龍野醤油と幕藩制的市場構造』柏書房、一九九三年、二三頁
(8) 石川明徳『京都土産』新撰京都叢書第一巻、臨川書店、一九八五年、三五五頁

(9)前掲5、五四頁
(10)前掲7、三一頁
(11)松尾隆治「醬油風土記　小豆島」『日本醸造協会雑誌』第六九巻六号、一九七四年、三六五頁。前掲5、七一頁
(12)高木亨「第二次世界大戦前の金沢市大野町における醬油産地の展開過程」『歴史地理学』第四八巻二号、二〇〇六年、一頁
(13)千葉県立関宿城博物館編『醬油を運んだ川の道――利根川・江戸川舟運盛衰』二〇一一年、二五頁
(14)篠崎四郎編『銚子市史』国書刊行会、一九八一年、三七四頁
(15)柴沼庄左衛門「土浦の醬油」『日本醸造協会雑誌』第八二巻七号、一九八七年、四九五頁。「土浦三二〇年の誇り世界へ」『日本経済新聞』二〇一三年一一月二日
(16)三宅也来著、吉田光邦解説『生活の古典双書五　萬金産業袋』八坂書房、一九七三年、一五二頁
(17)キッコーマン国際食文化研究センター「「下り醬油」の実像に迫る――江戸しょうゆ復元作業の顚末記」『おいしさの科学』第五巻、二〇〇七年、四四頁
(18)鉄屋庄兵衛「醬油仕込方之控」佐藤常雄・徳永光俊・江藤彰彦編『日本農書全集第五二巻』農山漁村文化協会、一九九八年
(19)山田清彦「醬油風土記　九州」『日本醸造協会雑誌』第六九巻九号、一九七四年、五五九頁

第五章

(1)ケンペル著、今井正訳『日本誌――日本の歴史と紀行』上、霞が関出版、一九七三年、二三四頁
(2)ツンベルグ著、山田珠樹訳注『異国叢書第四　ツンベルグ日本紀行』駿南社、一九二八年、三四〇頁
(3)同前、四六三頁

（4）吉田元『江戸の酒――つくる・売る・味わう』岩波現代文庫、二〇一六年、二〇八頁
（5）フィッセル著、庄司三男・沼田次郎訳注『日本風俗備考』2、平凡社、一九七八年、一七四頁
（6）井伏鱒二「長崎の醤油瓶」『現代随想全集』第二三巻、創元社、一九五四年、四八頁
（7）山脇悌二郎「江戸時代、醤油の海外輸出」『野田市史研究』第三号、一九九二年、六三頁
（8）田中則雄「明治期、野田の醤油と東京醤油会社の『醤油輸出意見書』について」『野田市史研究』創刊号、一九九〇年、三頁
（9）Hendrick Doeff, Herinneringen uit Japan（日本回想録）、一八三三年、七三頁
（10）オイレンブルク著、中井晶夫訳『新異国叢書13　オイレンブルク日本遠征記』上、雄松堂、一九六九年、二六六頁

第六章

（1）瀬川清子『食生活の歴史』講談社学術文庫、二〇〇一年、一四一頁
（2）大蔵永常著、土屋喬雄校訂『広益国産考』岩波文庫、一九四六年、一九三頁
（3）『日本の食生活全集37　聞き書　香川の食事』農山漁村文化協会、一九九〇年、一九八頁
（4）『日本の食生活全集36　聞き書　徳島の食事』農山漁村文化協会、一九九〇年、一六〇頁
（5）『日本の食生活全集39　聞き書　高知の食事』農山漁村文化協会、一九八六年、二三八頁
（6）「江島・手造り醤油」『mura　九州のムラ』第一九号、九州のムラ出版室、二〇〇六年、六頁
（7）『和泊町誌　民俗編』和泊町誌編集委員会、一九八四年、三八四頁

第七章

（1）中川忠英著、孫伯醇・村松一弥編『清俗紀聞』第二「巻之四　飲食」平凡社、一九六六年、九頁

(2) 同前、一一頁
(3) 中島巌「支那醤油ノ普通成分ニ就テ」『満鉄中央試験所報告　第五輯』南満州鉄道中央試験所、一九一九年、一七九頁
(4) 中島巌「昔の中国醤油――その醸造法と地方見聞録(1)」『日本醸造協会雑誌』第五四巻三号、一九五九年、一六二頁。同「昔の中国醤油――その醸造法と地方見聞録(2)」『日本醸造協会雑誌』第五四巻五号、一九五九年、三一二頁
(5) 満州国財政部編『満州国醸造業調査書』一九三四年、三〇八頁
(6) 片岡巌『台湾風俗誌』台湾日日新報社、一九二一年、一二三頁
(7) 蘇遠志「台湾の発酵食品」『発酵と工業』第三七巻二号、一九七九年、一〇二頁
(8) 関根一男「台湾における醤油の現状」『日本醸造協会誌』第九〇巻五号、一九九五年、三五〇頁
(9) 寺島良安・和漢三才図会刊行委員会編『和漢三才図会』下、東京美術、一九七〇年、一四五頁
(10) 李時珍著、鈴木真海訳「穀部・薬部」『国訳本草綱目』第七冊、春陽堂書店、一九三二年、二一三頁
(11) 宋剛・伊藤寛「中国の最近の醤油技術および台湾の蔭油について」『日本醤油研究所雑誌』第一六巻四号、一九九〇年、一三八頁
(12) 菊池修平・舘博・伊藤寛「中国醤油の改良開発について(1)　中国醤油の化学成分」『日本醤油研究所雑誌』第二〇巻一号、一九九四年、一頁

第八章

(1) 黒川道祐著、野間光辰編『新修京都叢書第一〇巻　雍州府志　造醸の部』臨川書店、一九七六年、四二三頁
(2) 三宅也来著、吉田光邦解説『生活の古典双書五　萬金産業袋』八坂書房、一九七三年、一五二頁

(3) 建部清庵「民間備荒録」『日本農書全集』第一八巻、農山漁村文化協会、一九八三年、一五七頁
(4) 蔀関月著、浅見恵・安田健訳編『日本産業史資料1 総論 日本山海名産図会』霞ヶ関出版、一九九二年、二〇八頁
(5) 長谷川忠崇著『飛驒叢書第一編 飛州志』巻第七、住伊書店、一九〇八年、一九九頁
(6)『名古屋市史』名古屋市、一九一五年、一七四頁
(7) 吉原精行「豆味噌と溜――その歴史的解説」『日本醸造協会雑誌』第五六巻一号、一九六一年、五〇頁。同「豆味噌と溜(2)」第五六巻二号、一九六一年、一三九頁。同「豆味噌と溜(3)」第五六巻三号、一九六一年、二五〇頁。同「豆味噌と溜(4)」第五六巻四号、一九六一年、三四八頁。同「豆味噌と溜(5)」第五六巻五号、一九六一年、四八四頁
(8) 倉田喜起『醬油味噌溜り醸造新説』内田商店、一九〇〇年、三六頁
(9) 西村寅三『普通醬油及溜醬油醸造論』丸善、一九〇四年、四七四頁
(10) 天野武弘・野口英一朗「豊橋市二川町の豆味噌・たまり醬油工場と産業遺産――東駒屋と西駒屋の機械化設備」『産業遺産研究』第二〇号、二〇一三年、四頁
(11) 鄭大聲『朝鮮半島の食と酒』中公新書、一九九八年、一四八頁

第九章

(1) 田中則雄「明治期、野田の醬油と東京醬油会社の『醬油輸出意見書』について」『野田市史研究』創刊号、一九九〇年、三頁
(2)「清酒濁酒醬油鑑札収与并収税方法規則」『関東を主とする酒造関係資料雑纂』七二、一八七一年
(3)「醬油業界史」『日本醸造協会雑誌』第七〇巻三号、一九七五年、一五三頁
(4) 茂木正利「醬油造りの変遷(1)」『日本醸造協会雑誌』第四九巻七号、一九五四年、二九〇頁

(5) 鈴木五郎『黎明日本の一開拓者——父鈴木藤三郎の一生』実業之日本社、一九三九年
(6) 鈴木藤三郎「特許番号第七二四七号　醬油釀造法」『発明に見る日本の生活文化史　食品シリーズ第2巻　醬油』ネオテクノロジー、二〇一四年
(7) 小栗朋之「醬油製造技術の系統化調査」『国立科学博物館技術の系統化調査報告』第一〇集、二〇〇八年、一四〇頁
(8) 「粉末醬油の出現」『日本化学工業新聞』一九三一年六月一五日
(9) 二瓶孝夫「ハワイにおける日本酒・味噌・醬油の歴史——味噌・醬油」『日本釀造協会雑誌』第七三巻七号、一九七八年、五四二頁
(10) 茂木正利「醬油の規格と品質の変遷」『日本釀造協会雑誌』第四四巻一一号、一九四九年、二二七頁
(11) 松本憲次「醬油規格制定と今後の醬油釀造」『日本釀造協会雑誌』第三五巻九号、一九四〇年、八二五頁
(12) 前掲10
(13) 「代用醬油の出現」『食糧年鑑　昭和二三年版』日本食糧新聞社、一九四八年、四一二頁
(14) 深井冬史講述『化学醬油と代用原料仕込法』今野商店出版部、一九三九年
(15) 梅田勇雄・舘野正淳・直井利雄・内田秀雄「新釀造正油（新式二号正油）に関する研究」『日本釀造協会誌』第四四巻一・二号、一九四九年、一六頁
(16) 深井冬史・木村延二郎・入江新六・小林和子「新式二号改良法とアミノ酸の醬油化」『日本釀造協会誌』第四五巻四号、一九五〇年、一〇頁
(17) 渡部潤「微生物基礎講座　産膜酵母による醬油の変敗」『醬油の研究と技術』第四二巻六号、二〇一六年、三九三頁
(18) 福島男児「アメリカでの醬油の生産とその周辺」『日本釀造協会雑誌』第七九巻三号、一九八四年、一七四頁

(19) 茂木友三郎「醬油の国際化について――キッコーマンの海外進出」『日本醸造協会誌』第八五巻七号、一九九〇年、四四五頁

第十章

(1) 「キッコーマン御用醬油醸造場」『日本醸造協会雑誌』第六〇巻三号、一九六五年、二五六頁
(2) 大友裕絵・今村美穂・佐々木努・木津邦知「一般成分分析と官能評価によるしょうゆの地域別特徴」『フードカルチャー』第二六号、キッコーマン国際食文化研究センター、二〇一六年、二頁
(3) 福留奈美・宇都宮由佳「郷土料理からみた醬油の地域特性」『フードカルチャー』第二六号、キッコーマン国際食文化研究センター、二〇一六年、八頁
(4) 佐伯昌俊「醬油の容器」『日本醸造協会誌』第七四巻六号、一九七九年、三六五頁
(5) 桑垣伝美「醬油の容器とその変遷」『包装技術』第三九巻一号、二〇〇一年、九八頁
(6) 田形睆作「〝醬油を変えた〟驚くべきヒット商品――「鮮度の一滴」ヤマサ醬油株式会社」『New Food Industry』第五八巻五号、二〇一六年、八九頁

あとがき

私にとって最初の著書である『日本の食と酒』（人文書院、一九九一年、再刊は講談社学術文庫、二〇一四年）の資料集めをしている過程で、奈良興福寺では戦国時代末頃からさまざまな大豆発酵食品が自家醸造されており、その作業手順を書いたノートも存在したことを『多聞院日記』の記述によって知った。醬や味噌づくりに関しては、むしろ酒より詳しく、また製法が数十年間ほとんど変わっていないことに驚いた。そこで同書第七章において、「大豆発酵食品」を取り上げた。本書はこの第七章を下敷きにして醬油が発展する歴史をまとめたものである。

刊行後、伊勢神宮前の醬油屋さんが研究室を訪ねてこられ、この中の「唐味噌」を再現してみたいとのお話があった。記述どおりにつくり、でき上がった試作品は、思ったよりずっと塩辛いなとの印象を受けた。最近は昔の食品をレシピどおりに復元して、どのようなものか、味わってみる試みもいろいろとある。ただし、本書中でも繰り返し述べたように、できたものが同一物であるのかを検証はできない。

また農文協のシリーズ『日本農書全書』の仕事で、淡口龍野醬油の資料（「醬油仕込方之控」）を翻刻する機会も与えられた。写真撮影で訪れた静かな城下町龍野の醤油資料館、温暖な和歌山県湯浅町の「角長」資料館、さらには台湾旅行の際に見学させていただいた雲林県の醤油工場など、もうずいぶん昔のことになったがなつかしい思い出である。

その後は酒の文化史研究で忙しく、醤油に関する研究はあまり進まなかったが、酒とならんで重要な発酵食品である醤油の技術史と文化史はいずれ機会を見て取り組んでみたいとの思いはずっと持っていた。今回法政大学出版局の「ものと人間の文化史」シリーズの一環として、醤油についてまとめることができたことを感謝している。

いざ取りかかってみると、これまでに出版された醤油に関する研究書は、酒よりもむしろ多いくらいであり、どこに新たな特色を打ち出せるだろうかと、かなり悩んだ。執筆は遅々として進まなかったが、やはり技術史に焦点を当てることにした。

私は技術史でも成功例よりはうまくいかなかった試みに関心があり、なぜ失敗に終わったのか、その原因を考えてみるのが好きだ。そこで最初に醤油の近代的醸造を行なった日本醤油株式会社の盛衰についても詳しく述べた。私が大学で最初に学んだのは水産学であったので、水産食品である魚醤油や塩辛のことも復習しながら、現在の動向についてもふれてみた。

また海外醤油に関する資料も多くはないが、満州における中国醤油、台湾の醤油など、醤油技術に関する資料を毎週の図書館通いの中で見出し、取り上げることにした。

今回も法政大学出版局の奥田のぞみ氏にはたいへんお世話になった。同氏の懇切丁寧なアドヴァイスに心から御礼を申し上げたい。

二〇一八年二月

吉田　元

著者略歴

吉田　元（よしだ・はじめ）

1947年京都市生まれ。京都大学農学部卒業。農学博士（京都大学）。種智院大学教授を経て，現在同大学名誉教授。専門は発酵醸造学，日本科学技術史，食文化史。
著書に『日本の食と酒――中世末の発酵技術を中心に』（人文書院，1991年。2014年に講談社より再刊），『江戸の酒――その技術・経済・文化』（朝日新聞社，1997年。2016年に岩波書店より再刊），『近代日本の酒づくり――美酒探究の技術史』（岩波書店，2013年），『ものと人間の文化史　酒』（法政大学出版局，2015年）などがある。

ものと人間の文化史　180・醤油

2018年3月15日　初版第1刷発行

発行所　一般財団法人　法政大学出版局
〒102-0071 東京都千代田区富士見2-17-1
電話03(5214)5540／振替00160-6-95814
印刷／三和印刷　製本／誠製本

Printed in Japan

ISBN978-4-588-21801-9

⚜ ものと人間の文化史

★第9回梓会出版文化賞受賞

人間が〈もの〉とのかかわりを通じて営々と築いてきた暮らしの足跡を具体的に辿りつつ文化・文明の基礎を問いなおす。手づくりの〈もの〉の記憶が失われ、〈もの〉離れが進行する危機の時代におくる豊穣な百科叢書。

1 船　須藤利一編

海国日本では古来、漁業・水運・交易はもとより、大陸文化も船によって運ばれた。本書は造船技術、航海の模様の推移を中心に、漂流、船霊信仰、伝説の数々を語る。四六判368頁　'68

2 狩猟　直良信夫

人類の歴史は狩猟から始まった。本書は、わが国の遺跡に出土する獣骨、猟具の実証的考察をおこないながら、狩猟をつうじて発展した人間の知恵と生活の軌跡を辿る。四六判272頁　'68

3 からくり　立川昭二

〈からくり〉は自動機械であり、驚嘆すべき庶民の技術的創意がこめられている。本書は、日本と西洋のからくりを発掘・復元・遍歴し、埋もれた技術の水脈をさぐる。四六判410頁　'69

4 化粧　久下司

美を求める人間の心が生みだした化粧―その手法と道具に語らせた人間の欲望と本性、そして社会関係。歴史を遡り、全国を踏査して書かれた比類ない美と醜の文化史。四六判368頁　'70

5 番匠　大河直躬

番匠はわが国中世の建築工匠。地方・在地を舞台に開花した彼らの造型・装飾・工法等の諸技術、さらに信仰と生活等、職人以前の独自で多彩な工匠的世界を描き出す。四六判288頁　'71

6 結び　額田巌

〈結び〉の発達は人間の叡知の結晶である。本書はその諸形態および技法を作業・装飾・象徴の三つの系譜に辿り、〈結び〉のすべてを民俗学的・人類学的に考察する。四六判264頁　'72

7 塩　平島裕正

人類史に貴重な役割を果たしてきた塩をめぐって、発見から伝承・製造技術の発展過程にいたる総体を歴史的に描き出すとともに、その多彩な効用と味覚の秘密を解く。四六判272頁　'73

8 はきもの　潮田鉄雄

田下駄・かんじき・わらじなど、日本人の生活の礎となってきた伝統的はきものの成り立ちと変遷を、二〇年余の実地調査と細密な観察・描写によって辿る庶民生活史　四六判280頁　'73

9 城　井上宗和

古代城塞・城柵から近世代名の居城として集大成されるまでの日本の城の変遷を辿り、文化の各領野で果たしてきたその役割を再検討。あわせて世界城郭史に位置づける。四六判310頁　'73

10 竹　室井綽

食生活、建築、民芸、造園、信仰等々にわたって、竹と人間との交流史は驚くほど深く永い。その多岐にわたる発展の過程を個々に辿り、竹の特異な性格を浮彫にする。四六判324頁　'73

11 海藻　宮下章

古来日本人にとって生活必需品とされてきた海藻をめぐって、その採取・加工法の変遷、商品としての流通史および神事・祭事での役割に至るまでを歴史的に考証する。四六判330頁　'74

12 **絵馬** 岩井宏實

古くは祭礼における神への献馬にはじまり、民間信仰と絵画のみごとな結晶として民衆の手で描かれ祀り伝えられてきた各地の絵馬を豊富な写真と史料によってたどる。四六判３０２頁 '74

13 **機械** 吉田光邦

畜力・水力・風力などの自然のエネルギーを利用し、幾多の改良を経て形成された初期の機械の歩みを検証し、日本文化の形成における科学・技術の役割を再検討する。四六判２４２頁 '74

14 **狩猟伝承** 千葉徳爾

狩猟には古来、感謝と慰霊の祭祀がともない、人獣交渉の豊かで意味深い歴史があった。狩猟用具、巻物、儀式具、またけものたちの生態を通して語る狩猟文化の世界。四六判３４６頁 '75

15 **石垣** 田淵実夫

採石から運搬、加工、石積みに至るまで、石垣の造成をめぐって積み重ねられてきた石工たちの苦闘の足跡を掘り起こし、その独自な技術の形成過程と伝承を集成する。四六判２２４頁 '75

16 **松** 高嶋雄三郎

日本人の精神史に深く根をおろした松の伝承に光を当て、食用、薬用等の実用の松、祭祀・観賞用の松、さらに文学・芸能・美術に表現された松のシンボリズムを説く。四六判３４２頁 '75

17 **釣針** 直良信夫

人と魚との出会いから現在に至るまで、釣針がたどった一万有余年の変遷を、世界各地の遺跡出土物を通して実証しつつ、漁撈によって生きた人々の生活と文化を探る。四六判２７８頁 '76

18 **鋸** 吉川金次

鋸鍛冶の家に生まれ、鋸の研究を生涯の課題とする著者が、出土遺品や文献・絵画により各時代の鋸を復元・実験し、庶民の手仕事にみられる驚くべき合理性を実証する。四六判３６０頁 '76

19 **農具** 飯沼二郎／堀尾尚志

鍬と犂の交代・進化の歩みとして発達したわが国農耕文化の発展経過を世界史的視野において再検討しつつ、無名の農民たちによる驚くべき創意のかずかずを記録する。四六判２２０頁 '76

20 **包み** 額田巌

結びとともに文化の起源にかかわる〈包み〉の系譜を人類史的視野において捉え、衣・食・住をはじめ社会・経済史、信仰、祭事などにおけるその実際と役割とを描く。四六判３５４頁 '77

21 **蓮** 阪本祐二

仏教における蓮の象徴的位置の成立と深化、美術・文芸等に見る人間とのかかわりを歴史的に考察。また大賀蓮はじめ多様な品種とその来歴を紹介しつつその美を語る。四六判３０６頁 '77

22 **ものさし** 小泉袈裟勝

ものをつくる人間にとって最も基本的な道具であり、数千年にわたって社会生活を律してきたその変遷を実証的に追求し、歴史の中で果たしてきた役割を浮彫りにする。四六判３１４頁 '77

23-I **将棋I** 増川宏一

その起源を古代インドに、我国への伝播の道すじを海のシルクロードに探り、また伝来後一千年におよぶ日本将棋の変化と発展を盤、駒、ルール等にわたって跡づける。四六判２８０頁 '77

23-Ⅱ 将棋Ⅱ 増川宏一

わが国伝来後の普及と変遷を貴族や武家・豪商の日記等に博捜し、遊戯者の歴史をあとづけると共に、中国伝来説の誤りを正し、将棋宗家の位置と役割を明らかにする。四六判346頁 '85

24 湿原祭祀 第2版 金井典美

古代日本の自然環境に着目し、各地の湿原聖地を稲作社会との関連において捉え直して古代国家成立の背景を浮彫にしつつ、水と植物にまつわる日本人の宇宙観を探る。四六判410頁 '77

25 臼 三輪茂雄

臼が人類の生活文化の中で果たしてきた役割を、各地に遺る貴重な民俗資料・伝承と実地調査にもとづいて解明。失われゆく道具のなかに、未来の生活文化の姿を探る。四六判412頁 '78

26 河原巻物 盛田嘉徳

中世末期以来の被差別部落民が生きる権利を守るために偽作し護り伝えてきた河原巻物を全国にわたって踏査し、そこに秘められた最底辺の人びとの叫びに耳を傾ける。四六判226頁 '78

27 香料 日本のにおい 山田憲太郎

焼香供養の香から趣味としての薫物へ、さらに沈香木を焚く香道へと変遷した日本の「匂い」の歴史を豊富な史料に基づいて辿り、我国風俗史の知られざる側面を描く。四六判370頁 '78

28 神像 神々の心と形 景山春樹

神仏習合によって変貌しつつも、常にその原型＝自然を保持してきた日本の神々の造型を図像学的方法によって捉え直し、その多彩な形象に日本人の精神構造をさぐる。四六判342頁 '78

29 盤上遊戯 増川宏一

祭具・占具としての発生を『死者の書』をはじめとする古代の文献にさぐり、形状・遊戯法を分類しつつその〈進化〉の過程を考察。〈遊戯者たちの歴史〉をも跡づける。四六判326頁 '78

30 筆 田淵実夫

筆の里・熊野に筆づくりの現場を訪ねて、筆匠たちの境涯と製筆の由来を克明に記録しつつ、筆の発生と変遷、種類、製筆法、さらには筆塚、筆供養にまで説きおよぶ。四六判204頁 '78

31 ろくろ 橋本鉄男

日本の山野を漂移しつづけ、高度の技術文化と幾多の伝説とをもたらした特異な旅職集団＝木地屋の生態を、その呼称、地名、伝承、文書等をもとに生き生きと描く。四六判460頁 '79

32 蛇 吉野裕子

日本古代信仰の根幹をなす蛇巫をめぐって、祭事におけるさまざまな蛇の「もどき」や各種の蛇の造型・伝承に鋭い考証を加え、忘れられたその呪性を大胆に暴き出す。四六判250頁 '79

33 鋏（はさみ） 岡本誠之

梃子の原理の発見から鋏の誕生に至る過程を推理し、日本鋏の特異な歴史的位置を明らかにするとともに、刀鍛冶等から転進した鋏職人たちの創意と苦闘の跡をたどる。四六判396頁 '79

34 猿 廣瀬鎮

嫌悪と愛玩、軽蔑と畏敬の交錯する日本人とサルとの関わりあいの歴史を、狩猟伝承や祭祀・風習、美術・工芸や芸能のなかに探り、日本人の動物観を浮彫りにする。四六判292頁 '79

35 鮫　矢野憲一

神話の時代から今日まで、津々浦々につたわるサメの伝承とサメをめぐる海の民俗を集成し、神饌、食用、薬用等に活用されてきたサメと人間のかかわりの変遷を描く。四六判２９２頁 '79

36 枡　小泉袈裟勝

米の経済の枢要をなす器として千年余にわたり日本人の生活の中に生きてきた枡の変遷をたどり、記録・伝承をもとにこの独特な計量器が果たした役割を再検討する。四六判３２２頁 '80

37 経木　田中信清

食品の包装材料として近年まで身近に存在した経木の起源を、こけら経や塔婆、木簡、屋根板等に遡って明らかにし、その製造・流通に携った人々の労苦の足跡を辿る。四六判２８８頁 '80

38 色　染と色彩　前田雨城

わが国古代の染色技術の復元と文献解読をもとに日本色彩史を体系づけ、赤・白・青・黒等におけるわが国独自の色彩感覚を探りつつ日本文化における色の構造を解明。四六判３２０頁 '80

39 狐　陰陽五行と稲荷信仰　吉野裕子

その伝承と文献を渉猟しつつ、中国古代哲学＝陰陽五行の原理の応用という独自の視点から、謎とされてきた稲荷信仰と狐との密接な結びつきを明快に解き明かす。四六判２３２頁 '80

40-I 賭博I　増川宏一

時代、地域、階層を超えて連綿と行なわれてきた賭博。——その起源を古代の神判、スポーツ、遊戯等の中に探り、抑圧と許容の歴史を物語る。全III分冊の〈総説篇〉。四六判２９８頁 '80

40-II 賭博II　増川宏一

古代インド文学の世界からラスベガスまで、賭博の形態・用具・方法の時代的特質を明らかにし、夥しい禁令に賭博の不滅のエネルギーを見る。全III分冊の〈外国篇〉。四六判４５６頁 '82

40-III 賭博III　増川宏一

聞香、闘茶、笠附等、わが国独特の賭博を中心にその具体例を網羅し、方法の変遷に賭博の時代性を探りつつ禁令の改廃に時代の賭博観を追う。全III分冊の〈日本篇〉。四六判３８８頁 '83

41-I 地方仏I　むしゃこうじ・みのる

古代から中世にかけて全国各地で作られた無銘の仏像を訪ね、素朴で多様なノミの跡に民衆の祈りと地域の願望を探る。宗教の伝播、文化の創造を考える異色の紀行。四六判２５６頁 '80

41-II 地方仏II　むしゃこうじ・みのる

紀州や飛騨を中心に草の根の仏たちを訪ねて、その相好と像容の魅力を探り、技法を比較考証して仏像彫刻史に位置づけつつ、中世地域社会の形成と信仰の実態に迫る。四六判２６０頁 '97

42 南部絵暦　岡田芳朗

田山・盛岡地方で「盲暦」として古くから親しまれてきた独得の絵解き暦を詳しく紹介しつつその全体像を復元する。その無類の生活暦は、南部農民の哀歓をつたえる。四六判２８８頁 '80

43 野菜　在来品種の系譜　青葉高

蕪、大根、茄子等の日本在来野菜をめぐって、その渡来・伝播経路、品種分布と栽培のいきさつを各地の伝承や古記録をもとに辿り、畑作文化の源流とその風土を描く。四六判３６８頁 '81

44 **つぶて**　中沢厚

弥生投弾、古代・中世の石戦と印地の様相、投石具の発達を展望しつつ、願かけの小石、正月つぶて、石こづみ等の習俗を辿り、石塊に託した民衆の願いや怒りを探る。四六判３３８頁　'81

45 **壁**　山田幸一

弥生時代から明治期に至るわが国の壁の変遷を壁塗＝左官工事の側面から辿り直し、その技術的復元・考証を通じて建築史・文化史における壁の役割を浮き彫りにする。四六判２９６頁　'81

46 **箪笥**（たんす）　小泉和子

近世における箪笥の出現＝箱から抽斗への転換に着目し、以降近現代に至るその変遷を社会・経済・技術の側面からあとづける。著者自身による箪笥製作の記録を付す。四六判３７８頁　'82

47 **木の実**　松山利夫

山村の重要な食糧資源であった木の実をめぐる各地の記録・伝承を集成し、その採集・加工における幾多の試みを実地に検証しつつ、稲作農耕以前の食生活文化を復元。四六判３８４頁　'82

48 **秤**（はかり）　小泉袈裟勝

秤の起源を東西に探るとともに、わが国律令制下における中国制度の導入、近世商品経済の発展に伴う秤座の出現、明治期近代化政策による洋式秤受容等の経緯を描く。四六判３２６頁　'82

49 **鶏**（にわとり）　山口健児

神話・伝説をはじめ遠い歴史の中の鶏を古今東西の伝承・文献に探り、特に我国の信仰・絵画・文学等に遺された鶏の足跡を追って、鶏をめぐる民俗の記憶を蘇らせる。四六判３４６頁　'83

50 **燈用植物**　深津正

人類が燈火を得るために用いてきた多種多様な植物との出会いと個々の植物の来歴、特性及びはたらきを詳しく検証しつつ「あかり」の原点を問いなおす異色の植物誌。四六判４４２頁　'83

51 **斧・鑿・鉋**（おの・のみ・かんな）　吉川金次

古墳出土品や文献・絵画をもとに、古代から現代までの斧・鑿・鉋を復元・実験し、労働体験によって生まれた民衆の知恵と道具の変遷を蘇らせる異色の日本木工具史。四六判３０４頁　'84

52 **垣根**　額田巌

大和・山辺の道に神々と垣との関わりを探り、各地に垣の伝承を訪ねて、寺院の垣、民家の垣、露地の垣など、風土と生活に培われた生垣の独特のはたらきと美を描く。四六判２３４頁　'84

53-Ⅰ **森林Ⅰ**　四手井綱英

森林生態学の立場から、森林のなりたちとその生活史を辿りつつ、産業の発展と消費社会の拡大により刻々と変貌する森林の現状を語り、未来への再生のみちをさぐる。四六判３０６頁　'85

53-Ⅱ **森林Ⅱ**　四手井綱英

森林と人間との多様なかかわりを包括的に語り、人と自然が共生するための森や里山をいかにして創出するか、森林再生への具体的な方策を提示する21世紀への提言。四六判３０８頁　'98

53-Ⅲ **森林Ⅲ**　四手井綱英

地球規模で進行しつつある森林破壊の現状を実地に踏査し、森と人が共存する日本人の伝統的自然観を未来へ伝えるために、いま何が必要なのかを具体的に提言する。四六判３０４頁　'00

54 **海老**（えび）　酒向昇

人類との出会いからエビの科学、漁法、さらには調理法を語り、めでたい姿態と色彩にまつわる多彩なエビの民俗を、地名や人名、詩歌・文学、絵画や芸能の中に探る。四六判４２８頁　'85

55-I **藁**（わら）I　宮崎清

稲作農耕とともに二千年余の歴史をもち、日本人の全生活領域に生きてきた藁の文化を日本文化の原型として捉え、風土に根ざしたそのゆたかな遺産を詳細に検討する。四六判４００頁　'85

55-II **藁**（わら）II　宮崎清

床・畳から壁・屋根にいたる住居における藁の製作・使用のメカニズムを明らかにし、日本人の生活空間における藁の役割を見なおすとともに、藁の文化の復権を説く。四六判４００頁　'85

56 **鮎**　松井魁

清楚な姿態と独特な味覚によって、日本人の目と舌を魅了しつづけてきたアユ――その形態と分布、生態、漁法等を詳述し、古今のアユ料理や文芸にみるアユにおよぶ。四六判２９６頁　'86

57 **ひも**　額田巌

物と物、人と物とを結びつける不思議な力を秘めた「ひも」の謎を追って、民俗学的視点から多角的なアプローチを試みる。『結び』、『包み』につづく三部作の完結篇。四六判２５０頁　'86

58 **石垣普請**　北垣聰一郎

近世石垣の技術者集団「穴太」の足跡を辿り、各地城郭の石垣遺構の実地調査と資料・文献をもとに石垣普請の歴史的系譜を復元しつつ石工たちの技術伝承を集成する。四六判４３８頁　'87

59 **碁**　増川宏一

その起源を古代の盤上遊戯に探ると共に、定着以来二千年の歴史を時代の状況や遊び手の社会環境との関わりにおいて跡づける。逸話や伝説を排して綴る初の囲碁全史。四六判３６６頁　'87

60 **日和山**（ひよりやま）　南波松太郎

千石船の時代、航海の安全のために観天望気した日和山――多くは忘れられ、あるいは失われた船舶・航海史の貴重な遺跡を追って、全国津々浦々におよんだ調査紀行。四六判３８２頁　'88

61 **篩**（ふるい）　三輪茂雄

臼とともに人類の生産活動に不可欠な道具であった篩、箕(み)、笊(ざる)の多彩な変遷を豊富な図解入りでたどり、現代技術の先端に再生するまでの歩みをえがく。四六判３３４頁　'89

62 **鮑**（あわび）　矢野憲一

縄文時代以来、貝肉の美味と貝殻の美しさによって日本人を魅了し続けてきたアワビ――その生態と養殖、神饌としての歴史、漁法、螺鈿の技法からアワビ料理に及ぶ。四六判３４４頁　'89

63 **絵師**　むしゃこうじ・みのる

日本古代の渡来画工から江戸前期の菱川師宣まで、時代の代表的絵師の列伝で辿る絵画制作の文化史。前近代社会における絵画の意味や芸術創造の社会的条件を考える。四六判２３０頁　'90

64 **蛙**（かえる）　碓井益雄

動物学の立場からその特異な生態を描き出すとともに、和漢洋の文献資料を駆使して故事・習俗・神事・民話・文芸・美術工芸にわたる蛙の多彩な活躍ぶりを活写する。四六判３８２頁　'89

65-Ⅰ 藍（あい）Ⅰ　風土が生んだ色　竹内淳子

全国各地の〈藍の里〉を訪ねて、藍栽培から染色・加工のすべてにわたり、藍とともに生きた人々の伝承を克明に描き、風土と人間が生んだ〈日本の色〉の秘密を探る。四六判４１６頁　'91

65-Ⅱ 藍（あい）Ⅱ　暮らしが育てた色　竹内淳子

日本の風土に生まれ、伝統に育てられた藍が、今なお暮らしの中で生き生きと活躍しているさまを、手わざに生きる人々との出会いを通じて描く。藍の里紀行の続篇。四六判４０６頁　'99

66 橋　小山田了三

丸木橋・舟橋・吊橋から板橋・アーチ型石橋まで、人々に親しまれてきた各地の橋を訪ねて、その来歴と築橋の技術伝承を辿り、土木文化の伝播・交流の足跡をえがく。四六判３１２頁　'91

67 箱　宮内悊

日本の伝統的な箱（櫃）と西欧のチェストを比較文化史の視点から考察し、居住・収納・運搬・装飾の各分野における箱の重要な役割とその多彩な文化を浮彫りにする。四六判３９０頁　'91

68-Ⅰ 絹Ⅰ　伊藤智夫

養蚕の起源を神話や説話に探り、伝来の時期とルートを跡づけ、記紀・万葉の時代から近世に至るまで、それぞれの時代・社会・階層が生み出した絹の文化を描き出す。四六判３０４頁　'92

68-Ⅱ 絹Ⅱ　伊藤智夫

生糸と絹織物の生産と輸出が、わが国の近代化にはたした役割を描くと共に、養蚕の道具、信仰や庶民生活にわたる養蚕と絹の民俗、さらには蚕の種類と生態におよぶ。四六判２９４頁　'92

69 鯛（たい）　鈴木克美

古来「魚の王」とされてきた鯛をめぐって、その生態・味覚から漁法、祭り、工芸、文芸にわたる多彩な伝承文化を語りつつ、鯛と日本人とのかかわりの原点をさぐる。四六判４１８頁　'92

70 さいころ　増川宏一

古代神話の世界から近現代の博徒の動向まで、さいころの役割を各時代・社会に位置づけ、木の実や貝殻のさいころから投げ棒型や立方体のさいころへの変遷をたどる。四六判３７４頁　'92

71 木炭　樋口清之

炭の起源から炭焼、流通、経済、文化にわたる木炭の歩みを歴史・考古・民俗の知見を総合して描き出し、独自で多彩な文化を育んできた木炭の尽きせぬ魅力を語る。四六判２９６頁　'93

72 鍋・釜（なべ・かま）　朝岡康二

日本をはじめ韓国、中国、インドネシアなど東アジアの各地を歩きながら鍋・釜の製作と使用の現場に立ち会い、調理をめぐる庶民生活の変遷とその交流の足跡を探る。四六判３２６頁　'93

73 海女（あま）　田辺悟

その漁の実際と社会組織、風習、信仰、民具などを克明に描くとともに海女の起源・分布・交流を探り、わが国漁撈文化の古層としての海女の生活と文化をあとづける。四六判２９４頁　'93

74 蛸（たこ）　刀禰勇太郎

蛸をめぐる信仰や多彩な民間伝承を紹介するとともに、その生態・分布・捕獲法・繁殖と保護・調理法などを集成し、日本人と蛸との知られざるかかわりの歴史を探る。四六判３７０頁　'94

75 曲物（まげもの） 岩井宏實

桶・樽出現以前から伝承され、古来最も簡便・重宝な木製容器として愛用された曲物の加工技術と機能・利用形態の変遷をさぐり、手づくりの「木の文化」を見なおす。四六判318頁 '94

76-I 和船I 石井謙治

江戸時代の海運を担った千石船（弁才船）について、その構造と技術、帆走性能を綿密に調査し、通説の誤りを正すとともに、海難と信仰、船絵馬等の考察にもおよぶ。四六判436頁 '95

76-II 和船II 石井謙治

造船史から見た著名な船を紹介し、遣唐使船や遣欧使節船、幕末の洋式船における外国技術の導入について論じつつ、船の名称と船型を海船・川船にわたって解説する。四六判316頁 '95

77-I 反射炉I 金子功

日本初の佐賀鍋島藩の反射炉と精練方＝理化学研究所、島津藩の反射炉と集成館＝近代工場群を軸に、日本の産業革命の時代における人と技術を現地に訪ねて発掘する。四六判244頁 '95

77-II 反射炉II 金子功

伊豆韮山の反射炉をはじめ、全国各地の反射炉建設にかかわった有名無名の人々の足跡をたどり、開国か攘夷かに揺れる幕末の政治と社会の悲喜劇をも生き生きと描く。四六判226頁 '95

78-I 草木布（そうもくふ）I 竹内淳子

風土に育まれた布を求めて全国各地を歩き、木綿普及以前に山野の草木を利用して豊かな衣生活文化を築き上げてきた庶民の知られざる知恵のかずかずを実地にさぐる。四六判282頁 '95

78-II 草木布（そうもくふ）II 竹内淳子

アサ、クズ、シナ、コウゾ、カラムシ、フジなどの草木の繊維から、どのようにして糸を採り、布を織っていたのか――聞書きをもとに忘れられた技術と文化を発掘する。四六判282頁 '95

79-I すごろくI 増川宏一

古代エジプトのセネト、ヨーロッパのバクギャモン、中近東のナルド、中国の双陸などの系譜に日本の盤雙六を位置づけ、遊戯・賭博としてのその数奇なる運命を辿る。四六判312頁 '95

79-II すごろくII 増川宏一

ヨーロッパの鵞鳥のゲームから日本中世の浄土双六、近世の華麗な絵双六、さらには近現代の少年誌の附録まで、絵双六の変遷を追って時代の社会・文化を読みとる。四六判390頁 '95

80 パン 安達巖

古代オリエントに起ったパン食文化が中国・朝鮮を経て弥生時代の日本に伝えられたことを史料と伝承をもとに解明し、わが国パン食文化二〇〇〇年の足跡を描き出す。四六判260頁 '96

81 枕（まくら） 矢野憲一

神さまの枕・大嘗祭の枕から枕絵の世界まで、人生の三分の一を共に過す枕をめぐって、その材質の変遷を辿り、伝説と怪談、俗信と民俗、エピソードを興味深く語る。四六判252頁 '96

82-I 桶・樽（おけ・たる）I 石村真一

日本、中国、朝鮮、ヨーロッパにわたる厖大な資料を集成してその豊かな文化の系譜を探り、東西の木工技術史を比較しつつ世界史的視野から桶・樽の文化を描き出す。四六判388頁 '97

82-Ⅱ **桶・樽**（おけ・たる）Ⅱ　石村真一

多数の調査資料と絵画・民俗資料をもとにその製作技術を復元し、東西の木工技術を比較考証しつつ、技術文化史の視点から桶・樽製作の実態とその変遷を跡づける。　四六判３７２頁　'97

82-Ⅲ **桶・樽**（おけ・たる）Ⅲ　石村真一

樹木と人間とのかかわり、製作者と消費者とのかかわりを通じて桶樽と生活文化の変遷を考察し、木材資源の有効利用という視点から桶樽の文化史的役割を浮彫にする。　四六判３５２頁　'97

83-Ⅰ **貝Ⅰ**　白井祥平

世界各地の現地調査と文献資料を駆使して、古来至高の財宝とされてきた宝貝のルーツとその変遷を探り、貝と人間とのかかわりの歴史を「貝貨」の文化史として描く。　四六判３８６頁　'97

83-Ⅱ **貝Ⅱ**　白井祥平

サザエ、アワビ、イモガイなど古来人類とかかわりの深い貝をめぐって、その生態・分布・地方名、装身具や貝貨としての利用法などを豊富なエピソードを交えて語る。　四六判３２８頁　'97

83-Ⅲ **貝Ⅲ**　白井祥平

シンジュガイ、ハマグリ、アカガイ、シャコガイなどをめぐって世界各地の民族誌を渉猟し、それらが人類文化に残した足跡を辿る。参考文献一覧／総索引を付す。　四六判３９２頁　'97

84 **松茸**（まつたけ）　有岡利幸

秋の味覚として古来珍重されてきた松茸の由来を求めて、稲作文化と里山（松林）の生態系から説きおこし、日本人の伝統的生活文化の中に松茸流行の秘密をさぐる。　四六判２９６頁　'97

85 **野鍛冶**（のかじ）　朝岡康二

鉄製農具の製作・修理・再生を担ってきた農鍛冶の歴史的役割を探り、近代化の大波の中で変貌する職人技術の実態をアジア各地のフィールドワークを通して描き出す。　四六判２８０頁　'98

86 **稲**　品種改良の系譜　菅　洋

作物としての稲の誕生、稲の渡来と伝播の経緯から説きおこし、明治以降主として庄内地方の民間育種家の手によって飛躍的発展をとげたわが国品種改良の歩みを描く。　四六判３３２頁　'98

87 **橘**（たちばな）　吉武利文

永遠のかぐわしい果実として日本の神話・伝説に特別の位置を占めて語り継がれてきた橘をめぐって、その育まれた風土とかずかずの伝承の中に日本文化の特質を探る。　四六判２８６頁　'98

88 **杖**（つえ）　矢野憲一

神の依代としての杖や仏教の錫杖に杖と信仰とのかかわりを探り、人類が突きつつ歩んだその歴史と民俗を興味ぶかく語る。多彩な材質と用途を網羅した杖の博物誌。　四六判３１４頁　'98

89 **もち**（糯・餅）　渡部忠世／深澤小百合

モチイネの栽培・育種から食品加工、民俗、儀礼にわたってそのルーツと伝承の足跡をたどり、アジア稲作文化という広範な視野からこの特異な食文化の謎を解明する。　四六判３３０頁　'98

90 **さつまいも**　坂井健吉

その栽培の起源と伝播経路を跡づけるとともに、わが国伝来後四百年の経緯を詳細にたどり、世界に冠たる育種と栽培・利用法を築いた人々の知られざる足跡をえがく。　四六判３２８頁　'99

91 珊瑚（さんご） 鈴木克美

海岸の自然保護に重要な役割を果たす岩石サンゴから宝飾品として知られる宝石サンゴまで、人間生活と深くかかわってきたサンゴの多彩な姿を人類文化史として描く。 四六判370頁 '99

92-Ⅰ 梅Ⅰ 有岡利幸

万葉集、源氏物語、五山文学などの古典や天神信仰に表れた梅の足跡を克明に辿りつつ日本人の精神史に刻印された梅を浮彫にし、梅と日本人の二〇〇〇年史を描く。 四六判274頁 '99

92-Ⅱ 梅Ⅱ 有岡利幸

その植生と栽培、伝承、梅の名所や鑑賞法の変遷から戦前の国定教科書に表れた梅まで、梅と日本人との多彩なかかわりを探り、桜との対比において梅の文化史を描く。 四六判338頁 '99

93 木綿口伝（もめんくでん） 第2版 福井貞子

老女たちからの聞書を経糸とし、厖大な遺品・資料を緯糸として、母から娘へと幾代にも伝えられた手づくりの木綿文化を掘り起し、近代の木綿の盛衰を描く。増補版 四六判336頁 '00

94 合せもの 増川宏一

「合せる」には古来、一致させるの他に、競う、闘う、比べる等の意味があった。貝合せや絵合せ等の遊戯・賭博を中心に、広範な人間の営みを「合せる」行為に辿る。 四六判300頁 '00

95 野良着（のらぎ） 福井貞子

明治初期から昭和四〇年までの野良着を収集・分類・整理し、それらの用途と年代、形態、材質、重量、呼称などを精査して、働く庶民の創意にみちた生活史を描く。 四六判292頁 '00

96 食具（しょくぐ） 山内昶

東西の食文化に関する資料を渉猟し、食法の違いを人間の自然に対するかかわり方の違いとして捉えつつ、食具を人間と自然をつなぐ基本的な媒介物として位置づける。 四六判292頁 '00

97 鰹節（かつおぶし） 宮下章

黒潮からの贈り物・カツオの漁法から鰹節の製法や食法、商品としての流通までを歴史的に展望するとともに、沖縄やモルジブ諸島の調査をもとにそのルーツを探る。 四六判382頁 '00

98 丸木舟（まるきぶね） 出口晶子

先史時代から現代の高度文明社会まで、もっとも長期にわたり使われてきた刳り舟に焦点を当て、その技術伝承を辿りつつ、森や水辺の文化の広がりと動態をえがく。 四六判324頁 '01

99 梅干（うめぼし） 有岡利幸

日本人の食生活に不可欠の自然食品・梅干をつくりだした先人たちの知恵に学ぶとともに、健康増進に驚くべき薬効を発揮する、その知られざるパワーの秘密を探る。 四六判300頁 '01

100 瓦（かわら） 森郁夫

仏教文化と共に中国・朝鮮から伝来し、一四〇〇年にわたり日本の建築を飾ってきた瓦をめぐって、発掘資料をもとにその製造技術、形態、文様などの変遷をたどる。 四六判320頁 '01

101 植物民俗 長澤武

衣食住から子供の遊びまで、幾世代にも伝承された植物をめぐる暮らしの知恵を克明に記録し、高度経済成長期以前の農山村の豊かな生活文化を愛惜をこめて描き出す。 四六判348頁 '01

102 箸（はし） 向井由紀子／橋本慶子

そのルーツを中国、朝鮮半島に探るとともに、日本人の食生活に不可欠の食具となり、日本文化のシンボルとされるまでに洗練された箸の文化の変遷を総合的に描く。四六判３３４頁 '01

103 採集 ブナ林の恵み 赤羽正春

縄文時代から今日に至る採集・狩猟民の暮らしを復元し、動物の生態系と採集生活の関連を明らかにしつつ、民俗学と考古学の両面から山に生かされた人々の姿を描く。四六判２９８頁 '01

104 下駄 神のはきもの 秋田裕毅

古墳や井戸等から出土する下駄に着目し、下駄が地上と地下の他界を結ぶ聖なるはきものであったという大胆な仮説を提出、日本の神々の忘れられた側面を浮彫にする。四六判３０４頁 '02

105 絣（かすり） 福井貞子

膨大な絣遺品を収集・分類し、絣産地を実地に調査して絣の技法と文様の変遷を地域別・時代別に跡づけ、明治・大正・昭和の手づくりの染織文化の盛衰を描き出す。四六判３１０頁 '02

106 網（あみ） 田辺悟

漁網を中心に、網に関する基本資料を網羅して網の変遷と網をめぐる民俗を体系的に描き出し、網の文化を集成する。「網に関する小事典」「網のある博物館」を付す。四六判３１６頁 '02

107 蜘蛛（くも） 斎藤慎一郎

「土蜘蛛」の呼称で畏怖される一方「クモ合戦」など子供の遊びとしても親しまれてきたクモと人間との長い交渉の歴史をその深層に遡って追究した異色のクモ文化論。四六判３２０頁 '02

108 襖（ふすま） むしゃこうじ・みのる

襖の起源と変遷を建築史・絵画史の中に探りつつその用と美を浮彫にし、衝立・障子・屏風等と共に日本建築の空間構成に不可欠の建具となるまでの経緯を描き出す。四六判２７０頁 '02

109 漁撈伝承（ぎょろうでんしょう） 川島秀一

漁師たちからの聞き書きをもとに、寄り物、船霊、大漁旗など、漁撈にまつわる〈もの〉の伝承を集成し、海の道によって運ばれた習俗や信仰の民俗地図を描き出す。四六判３３４頁 '03

110 チェス 増川宏一

世界中に数億人の愛好者を持つチェスの起源と文化を、欧米における膨大な研究の蓄積を渉猟しつつ探り、日本への伝来の経緯から美術工芸品としてのチェスにおよぶ。四六判２９８頁 '03

111 海苔（のり） 宮下章

海苔の歴史は厳しい自然とのたたかいの歴史だった――採取から養殖、加工、流通、消費に至る先人たちの苦難の歩みを史料と実地調査によって浮彫にする食物文化史。四六判１７２頁 '03

112 屋根 檜皮葺と柿葺 原田多加司

屋根葺師一〇代の著者が、自らの体験と職人の本懐を語り、連綿として受け継がれてきた伝統の手わざを体系的にたどりつつ伝統技術の保存と継承の必要性を訴える。四六判３４０頁 '03

113 水族館 鈴木克美

初期水族館の歩みを創始者たちの足跡を通して辿りなおし、水族館をめぐる社会の発展と風俗の変遷を描き出すとともにその未来像をさぐる初の〈日本水族館史〉の試み。四六判２９０頁 '03

114 古着（ふるぎ） 朝岡康二

仕立てと着方、管理と保存、再生と再利用等にわたり衣生活の変容を近代の日常生活の変化として捉え直し、衣服をめぐるリサイクル文化が形成される経緯を描き出す。四六判２９２頁 '03

115 柿渋（かきしぶ） 今井敬潤

染料・塗料をはじめ生活百般の必需品であった柿渋の伝承を記録し、文献資料をもとにその製造技術と利用の実態を明らかにして、忘れられた豊かな生活技術を見直す。四六判２９４頁 '03

116-Ⅰ 道Ⅰ 武部健一

道の歴史を先史時代から説き起こし、古代律令制国家の要請によって駅路が設けられ、しだいに幹線道路として整えられてゆく経緯を技術史・社会史の両面からえがく。四六判２４８頁 '03

116-Ⅱ 道Ⅱ 武部健一

中世の鎌倉街道、近世の五街道、近代の開拓道路から現代の高速道路網までを通観し、道路を拓いた人々の手によって今日の交通ネットワークが形成された歴史を語る。四六判２８０頁 '03

117 かまど 狩野敏次

日常の煮炊きの道具であるとともに祭りと信仰に重要な位置を占めてきたカマドをめぐる忘れられた伝承を掘り起こし、民俗空間の壮大なコスモロジーを浮彫りにする。四六判２９２頁 '04

118-Ⅰ 里山Ⅰ 有岡利幸

縄文時代から近世までの里山の変遷を人々の暮らしと植生の変化の両面から跡づけ、その源流を記紀万葉に描かれた里山の景観や大和・三輪山の古記録・伝承等に探る。四六判２７６頁 '04

118-Ⅱ 里山Ⅱ 有岡利幸

明治の地租改正による山林の混乱、相次ぐ戦争による山野の荒廃、エネルギー革命、高度成長による大規模開発など、近代化の荒波に翻弄される里山の見直しを説く。四六判２７４頁 '04

119 有用植物 菅 洋

人間生活に不可欠のものとして利用されてきた身近な植物たちの来歴と栽培・育種・品種改良・伝播の経緯を平易に語り、植物と共に歩んだ文明の足跡を浮彫にする。四六判３２４頁 '04

120-Ⅰ 捕鯨Ⅰ 山下渉登

世界の海で展開された鯨と人間との格闘の歴史を振り返り、「大航海時代」の副産物として開始された捕鯨業の誕生以来四〇〇年にわたる盛衰の社会的背景をさぐる。四六判３１４頁 '04

120-Ⅱ 捕鯨Ⅱ 山下渉登

近代捕鯨の登場により鯨資源の激減を招き、捕鯨の規制・管理のための国際条約締結に至る経緯をたどり、グローバルな課題としての自然環境問題を浮き彫りにする。四六判３１２頁 '04

121 紅花（べにばな） 竹内淳子

栽培、加工、流通、利用の実際を現地に探訪して紅花とかかわってきた人々からの聞き書きを集成し、忘れられた〈紅花文化〉を復元しつつその豊かな味わいを見直す。四六判３４６頁 '04

122-Ⅰ もののけⅠ 山内昶

日本の妖怪変化、未開社会の〈マナ〉、西欧の悪魔やデーモンを比較考察し、名づけ得ぬ未知の対象を指す万能のゼロ記号〈もの〉をめぐる人類文化史を跡づける博物誌。四六判３２０頁 '04

122-Ⅱ もののけⅡ　山内昶

日本の鬼、古代ギリシアのダイモン、中世の異端狩り・魔女狩り等々をめぐり、自然＝カオスと文化＝コスモスの対立の中で〈野生の思考〉が果たしてきた役割をさぐる。　四六判２８０頁　'04

123 染織（そめおり）　福井貞子

自らの体験と厖大な残存資料をもとに、糸づくりから織り、染めにわたる手づくりの豊かな生活文化を見直す。創意にみちた手わざのかずかずを復元する庶民生活誌。　四六判２９４頁　'05

124-Ⅰ 動物民俗Ⅰ　長澤武

神として崇められたクマやシカをはじめ、人間にとって不可欠の鳥獣や魚、さらには人間を脅かす動物など、多種多様な動物たちと交流してきた人々の暮らしの民俗誌。　四六判２６４頁　'05

124-Ⅱ 動物民俗Ⅱ　長澤武

動物の捕獲法をめぐる各地の伝承を紹介するとともに、全国で語り継がれてきた多彩な動物民話・昔話を渉猟し、暮らしの中で培われた動物フォークロアの世界を描く。　四六判２６６頁　'05

125 粉（こな）　三輪茂雄

粉体の研究をライフワークとする著者が、粉食の発見からナノテクノロジーまで、人類文明の歩みを〈粉〉の視点から捉え直した壮大なスケールの〈文明の粉体史観〉　四六判３０２頁　'05

126 亀（かめ）　矢野憲一

浦島伝説や「兎と亀」の昔話によって親しまれてきた亀のイメージの起源を探り、古代の亀卜の方法から、亀にまつわる信仰と迷信、鼈甲細工やスッポン料理におよぶ。　四六判３３０頁　'05

127 カツオ漁　川島秀一

一本釣り、カツオ漁場、船上の生活、船霊信仰、祭りと禁忌など、カツオ漁にまつわる漁師たちの伝承を集成し、黒潮に沿って伝えられた漁民たちの文化を掘り起こす。　四六判３７０頁　'05

128 裂織（さきおり）　佐藤利夫

木綿の風合いと強靭さを生かした裂織の技と美をすぐれたリサイクル文化として見なおす。東西文化の中継地・佐渡の古老たちからの聞書をもとに歴史と民俗をえがく。　四六判３０８頁　'05

129 イチョウ　今野敏雄

「生きた化石」として珍重されてきたイチョウの生い立ちと人々の生活文化とのかかわりの歴史をたどり、この最古の樹木に秘められたパワーを最新の中国文献にさぐる。　四六判３１２頁〔品切〕　'05

130 広告　八巻俊雄

のれん、看板、引札からインターネット広告までを通観し、いつの時代にも広告が人々の暮らしと密接にかかわって独自の文化を形成してきた経緯を描く広告の文化史。　四六判２７６頁　'06

131-Ⅰ 漆（うるし）Ⅰ　四柳嘉章

全国各地で発掘された考古資料を対象に科学的解析を行ない、縄文時代から現代に至る漆の技術と文化を跡づける試み。漆が日本人の生活と精神に与えた影響を探る。　四六判２７４頁　'06

131-Ⅱ 漆（うるし）Ⅱ　四柳嘉章

遺跡や寺院等に遺る漆器を分析し体系づけるとともに、絵巻物や文学作品の考証を通じて、職人や産地の形成、漆工芸の地場産業としての発展の経緯などを考察する。　四六判２１６頁　'06

132 **まな板** 石村眞一
日本、アジア、ヨーロッパ各地のフィールド調査と考古・文献・絵画・写真資料をもとにまな板の素材・構造・使用法を分類し、多様な食文化とのかかわりをさぐる。四六判372頁 '06

133-Ⅰ **鮭・鱒**（さけ・ます）Ⅰ 赤羽正春
鮭・鱒をめぐる民俗研究の前史から現在までを概観するとともに、原初的な漁法から商業的漁法にわたる多彩な漁法と用具、漁場と社会組織の関係などを明らかにする。四六判292頁 '06

133-Ⅱ **鮭・鱒**（さけ・ます）Ⅱ 赤羽正春
鮭漁をめぐる行事、鮭捕り衆の生活等を聞き取りによって再現し、人工孵化事業の発展とそれを担った先人たちの業績を明らかにするとともに、鮭・鱒の料理におよぶ。四六判352頁 '06

134 **遊戯** その歴史と研究の歩み 増川宏一
古代から現代まで、日本と世界の遊戯の歴史を概説し、内外の研究者との交流の中で得られた最新の知見をもとに、研究の出発点と目的を論じ、現状と未来を展望する。四六判296頁 '06

135 **石干見**（いしひみ） 田和正孝編
沿岸部に石垣を築き、潮汐作用を利用して漁獲する原初的漁法を日・韓・台に残る遺構と伝承の調査・分析をもとに復元し、東アジアの伝統的漁撈文化を浮彫りにする。四六判332頁 '07

136 **看板** 岩井宏實
江戸時代から明治・大正・昭和初期までの看板の歴史を生活文化史の視点から考察し、多種多様な生業の起源と変遷を多数の図版をもとに紹介する〈図説商売往来〉。四六判266頁 '07

137-Ⅰ **桜Ⅰ** 有岡利幸
そのルーツと生態から説きおこし、和歌や物語に描かれた古代社会の桜観から「花は桜木、人は武士」の江戸の花見の流行まで、日本人と桜のかかわりの歴史をさぐる。四六判382頁 '07

137-Ⅱ **桜Ⅱ** 有岡利幸
明治以後、軍国主義と愛国心のシンボルとして政治的に利用されてきた桜の近代史を辿るとともに、日本人の生活と共に歩んだ「咲く花、散る花」の栄枯盛衰を描く。四六判400頁 '07

138 **麹**（こうじ） 一島英治
日本の気候風土の中で稲作と共に育まれた麹菌のすぐれたはたらきの秘密を探り、醸造化学に携わった人々の足跡をたどりつつ醗酵食品と日本人の食生活文化を考える。四六判244頁 '07

139 **河岸**（かし） 川名登
近世初頭、河川水運の隆盛と共に物流のターミナルとして賑わい、船旅や遊廓などをもたらした河岸（川の港）の盛衰を河岸に生きる人々の暮らしの変遷としてえがく。四六判300頁 '07

140 **神饌**（しんせん） 岩井宏實／日和祐樹
土地に古くから伝わる食物を神に捧げる神饌儀礼に祭りの本義を探り、近畿地方主要神社の伝統的儀礼をつぶさに調査して、豊富な写真と共にその実際を明らかにする。四六判374頁 '07

141 **駕籠**（かご） 櫻井芳昭
その様式、利用の実態、地域ごとの特色、車の利用を抑制する交通政策との関連から駕籠かきたちの風俗までを明らかにし、日本交通史の知られざる側面に光を当てる。四六判294頁 '07

142 追込漁（おいこみりょう）　川島秀一

沖縄の島々をはじめ、日本各地で今なお行なわれている沿岸漁撈を実地に精査し、魚の生態と自然条件を知り尽した漁師たちの知恵と技を見直しつつ漁業の原点を探る。　四六判368頁　'08

143 人魚（にんぎょ）　田辺悟

ロマンとファンタジーに彩られて世界各地に伝承される人魚の実像をもとめて東西の人魚誌を渉猟し、フィールド調査と膨大な資料をもとに集成したマーメイド百科。　四六判352頁　'08

144 熊（くま）　赤羽正春

狩人たちからの聞き書きをもとに、かつては神として崇められた熊と人間との精神史的な関係をさぐり、熊を通して人間の生存可能性にもおよぶユニークな動物文化史。　四六判384頁　'08

145 秋の七草　有岡利幸

『万葉集』で山上憶良がうたいあげて以来、千数百年にわたり秋を代表する植物として日本人にめでられてきた七種の草花の知られざる伝承を掘り起こす植物文化誌。　四六判306頁　'08

146 春の七草　有岡利幸

厳しい冬の季節に芽吹く若菜に大地の生命力を感じ、春の到来を祝い新年の息災を願う「七草粥」などとして食生活の中に巧みに取り入れてきた古人たちの知恵を探る。　四六判272頁　'08

147 木綿再生　福井貞子

自らの人生遍歴と木綿を愛する人々との出会いを織り重ねて綴り、優れた文化遺産としての木綿衣料を紹介しつつ、リサイクル文化としての木綿再生のみちを模索する。　四六判266頁　'09

148 紫（むらさき）　竹内淳子

今や絶滅危惧種となった紫草（ムラサキ）を育てる人びと、伝統の紫根染を今に伝える人びとを全国にたずね、貝紫染の始原を求めて吉野ヶ里におよぶ「むらさき紀行」。　四六判324頁　'09

149-Ⅰ 杉Ⅰ　有岡利幸

その生態、天然分布の状況から各地における栽培・育種、利用にいたる歩みを弥生時代から今日までの人間の営みの中で捉えなおし、わが国林業史を展望しつつ描き出す。　四六判282頁　'10

149-Ⅱ 杉Ⅱ　有岡利幸

古来神の降臨する木として崇められるとともに生活のさまざまな場面で活用され、絵画や詩歌に描かれてきた杉の文化をたどり、さらに「スギ花粉症」の原因を追究する。　四六判278頁　'10

150 井戸　秋田裕毅（大橋信弥編）

弥生中期になぜ井戸は突然出現するのか。飲料水など生活用水ではなく、祭祀用の聖なる水を得るためだったのではないか。目的や構造の変遷、宗教との関わりをたどる。　四六判260頁　'10

151 楠（くすのき）　矢野憲一／矢野高陽

語源と字源、分布と繁殖、文学や美術における楠から医薬品としての利用、キューピー人形や樟脳の船まで、楠と人間の関わりの歴史を辿りつつ自然保護の問題に及ぶ。　四六判334頁　'10

152 温室　平野恵

温室は明治時代に欧米から輸入された印象があるが、じつは江戸時代半ばから「むろ」という名の保温設備があった。絵巻や小説、遺跡などより浮かび上がる歴史。　四六判310頁　'10

153 **檜**（ひのき）　有岡利幸

建築・木彫・木材工芸に最良の材としてわが国の〈木の文化〉に重要な役割を果たしてきた檜。その生態から保護・育成・生産・流通・加工までの変遷をたどる。　四六判３２０頁　'11

154 **落花生**　前田和美

南米原産の落花生が大航海時代にアフリカ経由で世界各地に伝播していく歴史をたどるとともに、日本で栽培を始めた先覚者や食文化との関わりを紹介する。　四六判３１２頁　'11

155 **イルカ**（海豚）　田辺悟

神話・伝説の中のイルカ、イルカをめぐる信仰から、漁撈伝承、食文化の伝統と保護運動の対立までを幅広くとりあげ、ヒトと動物との関係はいかにあるべきかを問う。　四六判３３０頁　'11

156 **輿**（こし）　櫻井芳昭

古代から明治初期まで、千二百年以上にわたって用いられてきた輿の種類と変遷を探り、天皇の行幸や斎王群行、姫君たちの輿入れにおける使用の実態を明らかにする。　四六判２５２頁　'11

157 **桃**　有岡利幸

魔除けや若返りの呪力をもつ果実として神話や昔話に語り継がれ、近年古代遺跡から大量出土して祭祀との関連が注目される桃。日本人との多彩な関わりを考察する。　四六判３２８頁　'12

158 **鮪**（まぐろ）　田辺悟

古文献に描かれ記されたマグロを紹介し、漁法・漁具から運搬と流通・消費、漁民たちの暮らしと民俗・信仰までを探りつつ、マグロをめぐる食文化の未来にもおよぶ。　四六判３５０頁　'12

159 **香料植物**　吉武利文

クロモジ、ハッカ、ユズ、セキショウ、ショウノウなど、日本の風土で育った植物から香料をつくりだす人びとの営みを現地に訪ね、伝統技術の継承・発展を考える。　四六判２９０頁　'12

160 **牛車**（ぎっしゃ）　櫻井芳昭

牛車の盛衰を交通史や技術史との関連で探り、絵巻や日記・物語等に描かれた牛車の種類と構造、利用の実態を明らかにして、読者を平安の「雅」の世界へといざなう。　四六判２２４頁　'12

161 **白鳥**　赤羽正春

世界各地の白鳥処女説話を博捜し、古代以来の人々が抱いた〈鳥への想い〉を明らかにするとともに、その源流を、白鳥をトーテムとする中央シベリアの白鳥族に探る。　四六判３６０頁　'12

162 **柳**　有岡利幸

日本人との関わりを詩歌や文献をもとに探りつつ、容器や調度品に、治山治水対策に、火薬や薬品の原料に、さらには風景の演出用に活用されてきた歴史をたどる。　四六判３２８頁　'13

163 **柱**　森郁夫

竪穴住居の時代から建物を支えてきただけでなく、大黒柱や鼻っ柱などさまざまな言葉に使われている柱。遺跡の発掘でわかった事実や、日本文化との関わりを紹介。　四六判２５２頁　'13

164 **磯**　田辺悟

人間はもとより、動物たちにも多くの恵みをもたらしてきた磯――その豊かな文化をさぐり、東日本大震災以前の三陸沿岸を軸に磯漁の民俗を聞書きによって再現する。　四六判４５０頁　'14

165 **タブノキ** 山形健介

南方から「海上の道」をたどってきた列島文化を象徴する樹木について、中国・台湾・韓国も視野に収めて記録や伝承を掘り起こし、人々の暮らしとの関わりを探る。 四六判３１６頁 '14

166 **栗** 今井敬潤

縄文人が主食とし栽培していた栗。建築や木工の材、鉄道の枕木といった生活に密着した多様な利用法や、品種改良に取り組んだ技術者たちの苦闘の足跡を紹介する。 四六判２７２頁 '14

167 **花札** 江橋崇

法制史から文学作品まで、厖大な文献を渉猟して、その誕生から現在までを辿り、花札をその本来の輝き、自然を敬愛して共存する日本の文化という特性のうちに描く。 四六判３７２頁 '14

168 **椿** 有岡利幸

本草書の刊行や栽培・育種技術の発展によって近世初期に空前の大ブームを巻き起こした椿。多彩な花の紹介をはじめ、椿油や木材の利用、信仰や民俗まで網羅する。 四六判３３６頁 '14

169 **織物** 植村和代

人類が初めて機械で作った製品、織物。機織り技術の変遷を世界史的視野で見直し、古来より日本と東南アジアやインド、ペルシアの交流や伝播があったことを解説。 四六判３４６頁 '14

170 **ごぼう** 冨岡典子

和食に不可欠な野菜ごぼうは、焼畑農耕から生まれ、各地の風土のなか固有の品種や調理法が育まれた。そのルーツを稲作以前の神饌や祭り、儀礼に探る和食文化誌。 四六判２７６頁 '15

171 **鱈**（たら） 赤羽正春

漁場開拓の歴史と漁法の変遷、漁民たちのくらしを跡づけ、戦時の非常食としての役割を明らかにしつつ、「海はどれほどの人を養えるか」についても考える。 四六判３３６頁 '15

172 **酒** 吉田元

酒の誕生から、世界でも珍しい製法が確立しブランド化する近世までの長い歩みをたどる。飢饉や幕府の規制をかいくぐり、いかにその香りと味を生みだしたのか。 四六判２５６頁 '15

173 **かるた** 江橋崇

外来の遊技具でありながら二百年余の鎖国の間に日本の美術・文芸・芸能を幅広く取り入れ、和紙や和食にも匹敵する存在として発展した〈かるた〉の全体像を描く。 四六判３５８頁 '15

174 **豆** 前田和美

ダイズ、アズキ、エンドウなど主要な食用マメ類について、その栽培化と作物としての歩みを世界史的視野で捉え直し、食文化に果たしてきた役割を浮き彫りにする。 四六判３７０頁 '15

175 **島** 田辺悟

日本誕生神話に記された島々の所在から南洋諸島の巨石文化まで、島をめぐる数々の謎を紹介し、残存する習俗の古層を発掘して島の精神性にもおよぶ島嶼文化論。 四六判３０６頁 '15

176 **欅**（けやき） 有岡利幸

長年営林事業に携わってきた著者が、実際に見聞きした事例や文献・資料を駆使し、その生態から信仰や昔話、防災林や木材としての利用にいたる歴史を物語る。 四六判３０６頁 '16

177 **歯**　大野粛英

虫歯や入れ歯など、古来より人は歯に悩んできた。著者は小説や日記、浮世絵や技術書まで多岐にわたる資料を駆使し、歯科医ならではの視点で治療法の変遷も紹介。　四六判２５０頁 '16

178 **はんこ**　久米雅雄

「漢委奴国王」印から織豊時代のローマ字印章、歴代の「天皇御璽」、さらには「庶民のはんこ」まで、歴史学と考古学の知見を綜合して、印章をめぐる数々の謎に挑む。　四六判３４４頁 '16

179 **相撲**　土屋喜敬

一五〇〇年の歴史を誇る相撲はもとは芸能として庶民に親しまれていた。力士や各地の興行の実態、まわしや土俵の変遷、櫓の意味、文学など多角的に興味深く解説。　四六判２９８頁 '17

180 **醤油**　吉田元

醤油の普及により、江戸時代に天ぷらや寿司、蕎麦など一気に食文化が花開く。濃口・淡口の特徴、外国産との製法の違い、代用醤油、海外輸出の苦労話等を紹介。　四六判２７２頁 '18